全国高等院校计算机类十三五规划教材

U0309720

计算机基础项目化上机指导

主　编　刘红敏　沈　兰
副主编　叶开珍　卞丽情
　　　　黄长江　义梅练

北京邮电大学出版社
www.buptpress.com

内 容 简 介

本书是与《计算机基础项目化教程》相配套的上机指导,是作者结合大学计算机基础教学实践经验编写而成的。

本书主要内容包括操作系统的基本操作、Word 文字处理、Excel 电子表格、PowerPoint 演示文稿、网络应用以及计算机等级考试大纲和模拟试题。

本书任务数据大部分来源于工作实践,经整理编排,具有清晰、丰富、实用等特点。数据分成不同项目,项目又具体分为不同的任务,以任务为导航,以任务实施详细讲解,引导学生一步步完成任务,从而掌握任务的操作方法。学生通过本书学习并完成任务操作,达到掌握计算机基本操作的能力。

本书可供高等院校"大学计算机基础"课程相配套的上机指导教材以及自学参考用书。

图书在版编目(CIP)数据

计算机基础项目化上机指导 / 刘红敏,沈兰主编 . -- 北京:北京邮电大学出版社,2016.7(2021.1 重印)

ISBN 978-7-5635-4790-6

Ⅰ. ①计… Ⅱ. ①刘… ②沈… Ⅲ. ①电子计算机-高等学校-教学参考资料 Ⅳ. ①TP3

中国版本图书馆 CIP 数据核字(2016)第 129855 号

书　　　　名:计算机基础项目化上机指导

著作责任者:刘红敏　沈　兰　主编

责 任 编 辑:满志文　郭子元

出 版 发 行:北京邮电大学出版社

社　　　　址:北京市海淀区西土城路 10 号 (邮编:100876)

发 　行 　部:电话:010-62282185　传真:010-62283578

E-mail:publish@bupt.edu.cn

经　　　　销:各地新华书店

印　　　　刷:保定市中画美凯印刷有限公司

开　　　　本:787 mm×1 092 mm　1/16

印　　　　张:11

字　　　　数:269 千字

版　　　　次:2016 年 7 月第 1 版　2021 年 1 月第 7 次印刷

ISBN 978-7-5635-4790-6　　　　　　　　　　　　　　　　　　定　价:34.00 元

前　　言

本书是与《计算机基础项目化指导教程》相配套的上机指导教材。以国家计算机一级等级考试大纲为基本要求，以项目为单元，每个项目分成若干任务，任务明确并具体讲解，引导学生完成任务操作，通过本书学习及完成本书任务操作，达到熟练掌握计算机实操的目的。本书共分六个模块，主要内容如下：

模块 1　Windows 7 基本操作，主要任务是操作系统的基本操作方法与技巧，包括文件和文件夹的管理、属性的设置、用户管理。

模块 2　Word 2010 基本操作，主要任务是文字处理的各种方法，包括文字输入、字体、段落格式、项目符号和编号、边框和底纹、图片、表格、页面设置、样式和目录等。

模块 3　Excel 2010 基本操作，主要任务是表格操作方法，包括单元格数据类型、格式设置、公式与函数、排序、分类汇总、筛选和数据透视表等。

模块 4　PowerPoint 2010 基本操作，主要任务是演示文稿各种操作方法，包括幻灯片新建、版式、母版、主题以及幻灯片切换、动画和放映等。

模块 5　计算机网络应用，主要任务是网络基本知识、局域网的使用、上网方式、Internet 应用、电子邮件等。

模块 6　计算机等级考试指南，主要任务是掌握全国计算机等级考试的基本内容及操作技能。

本书由广州大学松田学院计算机科学与技术系为主编单位，参与编写作者是具有多年教学经验以及实践经验的教师。由刘红敏、沈兰任主编，叶开珍、卞丽情、黄长江、义梅练任副主编，刘红敏负责模块 1 的编写，沈兰负责模块 2 的编写，叶开珍负责模块 3 的编写，卞丽情负责模块 4 的编写，黄长江负责模块 5 的编写，义梅练负责模块 6 的编写。

由于编者水平所限，书中如有不足之处，敬请使用本书的师生与读者批评指正，以便修订时改进。如读者在使用本书的过程中有其他意见或建议，恳请向编者踊跃提出宝贵意见。

编　者

目　　录

模块1 Windows 7 基本操作

通过本模块操作,了解文件系统的组织方式,掌握文件的复制、移动、重命名、更改文件属性、文件搜索、创建快捷方式等操作。

项目1 个性化设置

每个使用计算机的用户都有自己的习惯,通过个性化设置,体现用户不同的风格。本项目主要内容包括任务栏个性化设置、桌面背景设置等。

 项目内容

本项目操作文件夹为"1-WIN 7"。

任务1 任务栏个性化

(1) 在"任务栏"中添加"Word 2010"程序图标。
(2) 在"通条区域"显示"网络"系统图标。

任务2 设置桌面背景

(1) 设置"图片\desktop.jpg"图片文件为桌面背景图案。
(2) 显示桌面,截取桌面图片,以"桌面.bmp"为文件名保存到"图片"文件夹中。

 项目实施

任务1 任务栏个性化

(1) 在"任务栏"中添加"Word 2010"程序图标。
(2) 在"通条区域"显示"网络"系统图标。
操作步骤:
(1) 添加程序图标。选择"开始"菜单→"所有程序"→"Microsoft Office"→"Microsoft Word",右击,在快捷菜单中选择"锁定到任务栏",程序添加到任务栏。
(2) 显示系统图标。右击"时钟"图标,在快捷菜单中选择"属性",弹出"系统图标"窗口,设置"网络"的"行为"为"打开",如图1-1所示。

任务2 设置桌面背景

(1) 设置"图片\桌面1.jpg"图片文件为桌面背景图案。

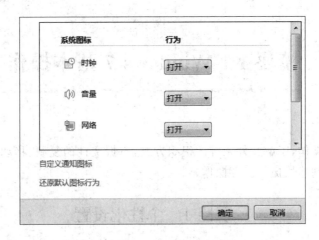

图1-1　打开或关闭系统图标

（2）显示桌面，截取桌面图片，以"桌面.bmp"为文件名，保存到"图片"文件夹中。

操作步骤：

（1）打开"个性化"窗口。在桌面空白处右击，在快捷菜单中选择"个性化"。弹出"个性化"窗口，如图1-2所示。单击"桌面背景"，弹出"桌面背景"设置窗口，单击"浏览"按钮，定位图片文件位置，选择"desktop.jpg"，设置图片格式为"拉伸"，如图1-3所示，单击"保存修改"按钮。设置效果如图1-4所示。

提示：如果选中多张图片，可设循环桌面背景图片以及更换图片时间间隔。

图1-2　"个性化"窗口

图 1-3　设置桌面背景

图 1-4　项目效果

（2）截取桌面。按状态栏右侧"显示桌面"按钮，显示桌面，按"PrintScreen"键，截取整个桌面，新建"图片/桌面.bmp"图片文件，打开图片文件，按"Ctrl＋V"组合键，保存文件后退出。

提示：按"Alt＋PrintScreen"组合键，可截取当前窗口。

项目 2　文件夹与文件管理

本项目操作的主要内容是新建文件和文件夹、文件搜索、文件删除与还原、文件重命名、文件打开方式、更改文件属性以及创建文件快捷方式。

 项目内容

本项目操作文件夹为"1-WIN 7"。

任务 1　新建文件夹和文件

（1）新建文件夹。新建"小文件"、"我的大学"、"日期"三个文件夹。
（2）新建文件。新建"我的大学"文本文件,保存到"我的文件"文件夹中。

任务 2　文件搜索

在"Data"文件夹中完成以下搜索。
（1）根据文件大小搜索。搜索小于 10KB 的所有文件,并将搜索文件复制到"小文件"文件夹中。
（2）根据文件种类搜索。搜索所有图片文件,并将搜索文件复制到"图片"文件夹中。
（3）根据字符搜索。搜索包含"我的大学"字符的所有文件,并将搜索文件复制到"我的大学"文件夹中。
（4）根据文件修改日期搜索。搜索修改日期在 2016 年 2 月内的所有文件,并将搜索文件复制到"日期"文件夹中。

任务 3　文件删除

删除"Delete"文件夹中以"A"开头的所有文件。

任务 4　重命名、打开方式

将"Rename"文件夹中的"标记语言.txt"重命名为"网页.html",并通过"记事本"打开。

任务 5　更改文件属性

将"Property\大学生活"Word 文档属性更改为"隐藏";并修改文件夹选项,显示隐藏的文件和文件夹。

任务 6　快捷方式

创建桌面快捷方式。在 C 盘中搜索记事本程序"Notepad.exe",创建其桌面快捷方式,命名为"记事本"。

 项目实施

任务 1　新建文件夹和文件

（1）新建文件夹。新建"小文件"、"我的大学"、"日期"三个文件夹。

（2）新建文件。新建"我的大学"文本文件,保存到"我的文件"文件夹中。

操作步骤:

（1）新建文件夹。打开"1-win 7"文件夹,单击工具栏中的"新建文件夹"按钮,或在空白处右击,在快捷菜单中选择"新建"→"文件夹"。文件夹的默认名为"新建文件夹",直接输入新名"小文件",按"Enter"键,或在空白处单击"确定"按钮。

同理新建"我的大学""日期"文件夹。如图1-5所示。

（2）新建文件。

方法一:打开"我的文件"文件夹,在空白处右击,在快捷菜单中选择"新建"→

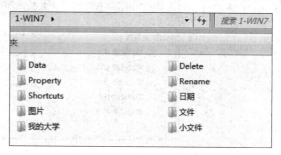

图1-5　新建文件夹

"文本文件",默认文件名为"新建文本文档",重新输入文件名"我的大学"。

方法二:单击"开始"菜单→"所有程序"→"附件"→"记事本",打开"记事本"程序。单击"文件"→"另存为",弹出"另存为"对话框,定位于"我的文件"文件夹,输入文件名"我的大学",如图1-6所示,单击"保存"按钮。文件如图1-7所示。

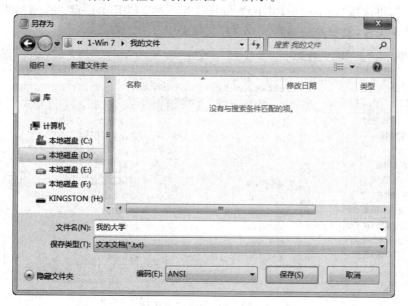

图1-6　"另存为"对话框

任务2　文件搜索

在"Data"文件夹中完成下列搜索。

（1）根据文件大小搜索。搜索小于10KB的所有文件,并搜索文件复制到"小文件"文件夹中。

（2）根据文件类型搜索。搜索所有图片文件,并将搜索文件复制到"图片"文件夹中。

（3）根据字符搜索。搜索包含"我的大学"字符的所有文件,并将搜索文件复制到"我的大学"文件夹中。

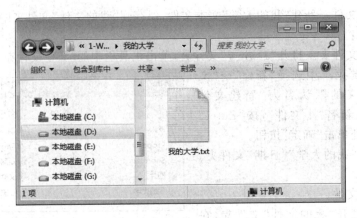

图 1-7　新建文本文件

（4）根据文件修改日期搜索。搜索修改日期在 2016 年 2 月内的所有文件，并将搜索文件复制到"日期"文件夹中。

操作步骤：

（1）根据文件大小搜索。设置搜索条件，打开"Data"文件夹，单击搜索框，在搜索器中，选择"大小"，再选择"微小（0～10KB）"，如图 1-8 所示，按"Enter"键。搜索结果如图 1-9 所示，全选搜索文件，复制并粘贴到"小文件"文件夹中。

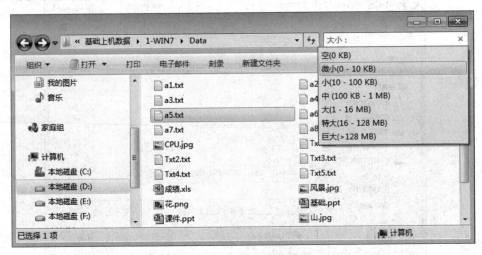

图 1-8　设置搜索条件

（2）根据文件类型搜索。

① 添加搜索筛选器。双击桌面"计算机"，打开"资源管理器"，按"Win＋F"组合键，添加搜索筛选器，如图 1-10 所示。

② 设置筛选备件。单击搜索框，在"筛选器"中选择"种类："，再单击搜索框从列表框中选择"图片"，如图 1-11 所示，构成筛选条件"各类：＝图片"。

③ 选择搜索范围。定位"Data"文件夹，再从搜索条件列表框中选择"各类：＝图片"，按"Enter"键确定，搜索结果如图 1-12 所示。全选搜索文件，复制并粘贴到"图片"文件夹中。

提示： 如果搜索特定类型图片文件，如".jpg"，选择筛选器"类型："，从类型列表框中选择".JPG"，构成筛选条件"类型：＝JPG"。搜索结果如图 1-13 所示。

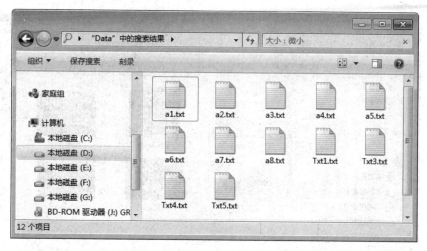

图 1-9　根据文件大小搜索结果

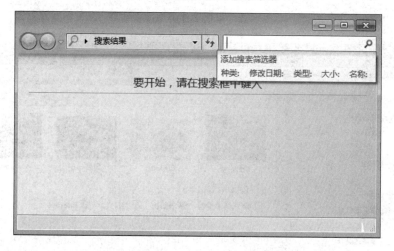

图 1-10　添加搜索筛选器

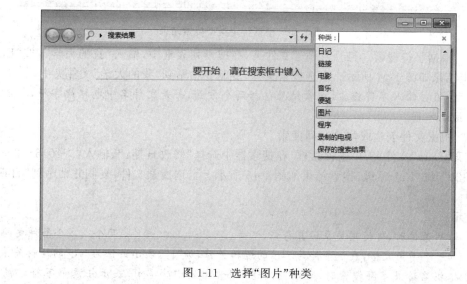

图 1-11　选择"图片"种类

图 1-12　根据文件类型搜索结果

图 1-13　根据特定类型搜索结果

（3）根据字符搜索。打开"Data"文件夹，在搜索列表框中，输入"我的大学"，按"Enter"键，搜索结果如图 1-14 所示。全选搜索文件，复制并粘贴到"我的大学"文件夹中。

提示：直接输入字符搜索，搜索结果包括两个方面，一是文件名中包括此字符，二是文件内容包括此字符。

（4）根据文件创建或修改时间搜索。

打开"Data"文件夹，单击搜索框，在搜索器中选择"修改日期："，输入"＞2016－2－1＜2016-2-29"，按"Enter"键，搜索结果如图 1-15 所示。全选搜索文件，复制并粘贴到"日期"文件夹中。

提示：

① 输入条件时，可使用关系运算符＜、＜＝、＞、＞＝、＝、＜＞，两个或多个条件之间可以加一个半角空格，表示条件为"与"的逻辑关系，加"|"，表示条件为"或"的逻辑关系。

② 根据名称或字符搜索时，可以使用通配符"＊"和"？"，"＊"表示任意个字符，"？"表示

任意一个字符。

③ 搜索结果显示在"我的计算机"列表框中,可以直接对搜索文件或文件夹进行相应操作,如删除、移动、复制、改名等。

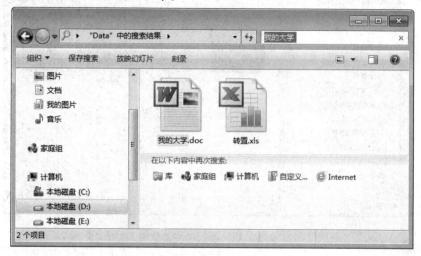

图 1-14　根据字符搜索结果

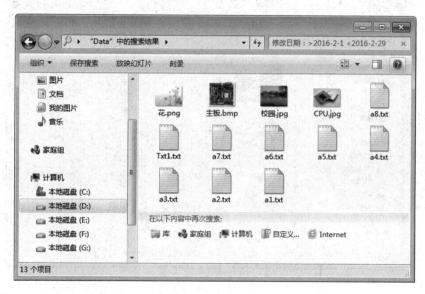

图 1-15　根据文件日期搜索结果

任务3　文件删除

删除"Delete"文件夹中以"A"开头的所有文件。

操作步骤:

打开"Delete"文件夹,单击搜索框,从下拉列表框中选择"名称",再输入"a",按"Enter"键,搜索结果显示以"a"开头的所有文件,如图 1-16 所示,全选搜索结果文件,按"Delete"键删除。

提示:在搜索框中直接输入搜索条件"a＊",则搜索结果包括含有"a"的文件以及包含"a"内容的文档,如图 1-17 所示。

图 1-16　按名称搜索结果

图 1-17　直接搜索结果

任务 4　重命名、打开方式

将"Rename"文件夹中的"标记语言.txt"重命名为"网页.html",并通过"记事本"打开。

操作步骤:

(1) 显示已知文件类型的扩展名。打开"Rename"文件夹,单击"组织"下拉按钮,在列表框中选择"文件夹和搜索选项",弹出"文件夹选项"对话框,取消选中"隐藏已知文件类型的扩展名",如图 1-18 所示。

(2) 选中"标识语言.txt",右击,在快捷菜单中选择"重命名",输入新名"网页.html"。单击空白处确定,由于修改文件扩展名,弹出"重命名"警告框,如图 1-19 所示,单击"是"按

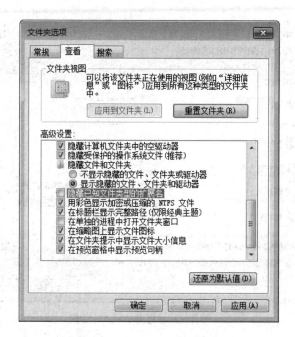

图 1-18 "文件夹选项"对话框

钮。重命名如图 1-20 所示。

(3) 使用"记事本"打开。因为".html"扩展名与浏览器相关联,双击"网页.html"文件,启用浏览器打开。

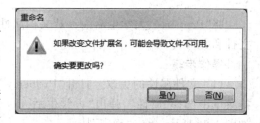

图 1-19 "重命名"警告框

使用"记事本"打开的方法。右击,在快捷菜单中选择"打开方式"→"选择默认程序",弹出"打开方式"对话框,展开"其他程序",在列表中选择"记事本",如果需要始终使用"记事本打开"(即直接双击打开),则选中"始终使用选择的程序打开这种文件",如图 1-21 所示,单击"确定"按钮,通过"记事本"打开文件。

图 1-20 重命名

图 1-21 "打开方式"对话框

任务 5　更改文件属性

将"Property\大学生活.docx"文档属性更改为"隐藏"；并修改文件夹选项，显示隐藏的文件和文件夹。

操作步骤：

(1) 文件属性的更改。打开"Property"文件夹，选中"大学生活"Word 文档，右击，在快捷菜单中选择"属性"，弹出"大学生活.docx 属性"对话框，在属性栏中选中"隐藏"复选框。如图 1-22 所示，单击"确定"按钮。

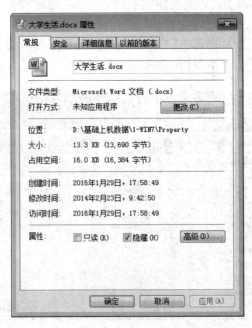

图 1-22 "大学生活.docx 属性"对话框

（2）显示隐藏文件。在"文件夹选项"对话框中，选择"查看"选项卡，在"高级设置"列表中，选中"显示隐藏的文件、文件夹和驱动器"，如图 1-23 所示。

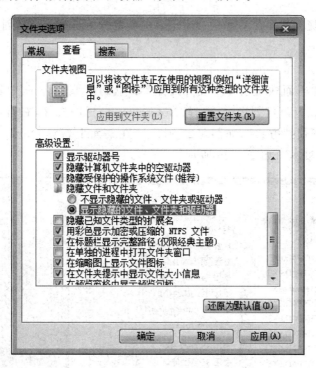

图 1-23　"文件夹选项"对话框

被隐藏的文件的图标以灰色显示，效果如图 1-24 所示。

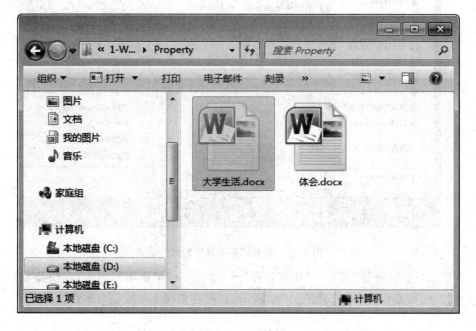

图 1-24　显示效果

任务6　快捷方式

创建桌面快捷方式。在C盘中搜索记事本程序"Notepad.exe",创建桌面快捷方式,命名为"记事本"。

操作步骤:

方法一:创建桌面快捷方式。在"开始"菜单的搜索文本框中输入记事本程序名"Notepad.exe",在"程序"列表中,选择"Notepad.exe"程序文件,右击,在快捷菜单中选择"发送到"→"桌面快捷方式",如图1-25所示。在桌面上新建"Notepad.exe"程序快捷菜单,重命名为"记事本",如图1-26所示。

图1-25　搜索记事本程序的快捷菜单

方法二:选择"开始"菜单→"所有程序"→"附件"→"记事本",右击,在快捷菜单中选择"发送到"→"桌面快捷方式",如图1-27所示,直接在桌面上生成记事本快捷方式。

图 1-26 记事本桌面快捷方式

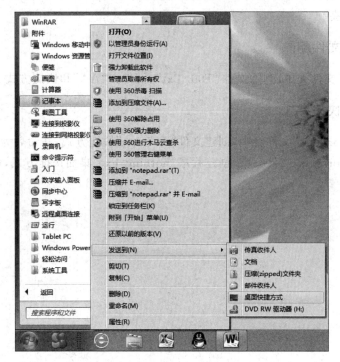

图 1-27 附件中记事本程序的快捷菜单

项目 3 Windows 7 综合实训

本项目操作文件夹为"综合实训\WIN 7"文件夹中，完成下列操作。

任务 1 新建文件和文件夹

在"New"文件夹中，新建文件夹"my_doc"和空文本文件"T01.txt"。

任务 2　重命名

在"Rename"文件夹中,将文件"T02.txt"重命名为"New.dat"。

任务 3　更改文件属性

在"Property"文件夹中,将文件"T03.Txt"的属性改为"只读"。

任务 4　文件搜索

在"Data"文件夹中搜索包含"计算机"文字的文档,并将搜索到的所有文件复制到"Paste"文件夹中。

任务 5　文件复制与移动

在"Copy"文件夹中,将文件"T04.Txt"复制到"Paste"文件夹,将文件"T05.Txt"移动到"Paste"文件夹。

任务 6　文件删除

在"Delete"文件夹中,删除文件"T06.Txt"、文件夹"AA"和快捷方式"KK"。

任务 7　快捷方式

(1) 在"Shortcuts"文件夹中,创建文件"T07.txt"快捷方式,并命名为"Shortcuts"。
(2) 在"Shortcuts"文件夹中,创建程序"nothing.exe"桌面快捷方式,命名为"NULL"。

模块 2　Word 2010 基本操作

通过本模块的操作,掌握文档基本编辑方法、格式设置、图表编辑以及样式、目录等内容。

项目 1　文 档 编 辑

文档的编辑主要包括各种标点符号和特殊符号的输入、字符的复制与移动、查找与替换等操作。特殊字符包括空格、不间断空格、回车符(段落标记)、分行符、分页符以及各种图形符号,图形符号在文档中作字符处理,如同一个中英文字符。

 项目内容

本项目操作文件夹:2-Word。

任务 1　特殊字符输入

打开"特殊字符输入"文档,按模板要求输入标点符号、特殊字符与数字序号。

任务 2　文档编辑

打开"文档编辑"文档,完成以下操作。

(1) 插入行。在文档开头插入一空行,输入"我的大学我的梦"。

(2) 移动文本。将第 3 段"也曾经历过……努力去追求"段落移到第 1 段"正因为我不相信……我依然不顾一切地向前"段落之前。

(3) 删除空格。删除文档中"全角空格"、"半角空格"和"不间断空格"。

(4) 手动换行符替换为段落标记。将文中所有"手动换行符"替换为"段落标记"。

(5) 删除空行。删除文档中全部空行。

 项目实施

任务 1　特殊字符输入

打开"特殊字符输入"文档,按模板要求输入标点符号、特殊字符与数字序号。

操作步骤:

(1) 特殊字符模板如图 2-1 所示。

(2)键盘输入中文标点符号。

中文标点符号与键位的对应关系如表 2-1 所示。

标点符号	，、·：；……""（）「」〈〉《》『』〔〕｛｝
特殊符号	※○±×÷ ＄￥§ ‰ kg mm cm m² ℃→↑≠≮≯≌√
数字序号	ⅠⅡⅢ ⅰⅱⅲ ①②③ ㈠㈡㈢ ⑴⑵⑶ 1. 2. 3.

图 2-1　特殊字符输入模板

表 2-1　中文标点符号与键位的对应关系

键位	中文标点	键位	中文标点
\	顿号、	—	破折号——
.	句号。	^	省略号……
@	实心点·	$	币值符号￥

（3）软键盘。在中文输入法状态条上，右击"软键盘"按钮，在快捷菜单中，选择"标点符号"，如图 2-2 所示，显示"标点符号"软键盘，如图 2-3 所示。单击按键，插入对应标点符号。"特殊符号"软键盘如图 2-4 所示，"数字序号"软键盘如图 2-5 所示。

图 2-3　"标点符号"软键盘

图 2-2　软键盘列表框

图 2-4　"特殊字符"软键盘

图 2-5　"数字序号"软键盘

（4）编号命令输入数字序号。单击"插入"选项卡→"编号"，弹出"编号"对话框，如图 2-6 所示，在"编号"文本框中输入数字序号，在"编号类型"列表框中选择所需类型，单击"确定"按钮。

（5）符号命令输入特殊符号。单击"插入"选卡→"符号"组→"符号"，从列表中选择所需"符号"，如图 2-7 所示。

图 2-6　"编号"对话框

图 2-7　"符号"列表

任务2　文档编辑

打开"文档编辑"文档,完成以下操作。

（1）插入行。在文档开头插入一空行,输入"我的大学我的梦"。

（2）移动文本。将第3段"也曾经历过……努力去追求"段落移到第1段"正因为我不相信……我依然不顾一切地向前"段落之前。

（3）删除空格。删除文档中"全角空格"、"半角空格"和"不间断空格"。

（4）手动换行符替换为段落标记。将文中所有"手动换行符"替换为"段落标记"。

（5）删除空行。删除文档中全部空行。

操作步骤：

打开"文档编辑"文档。

（1）插入行。将光标置于文档开头首字前,按"Enter"键,插入一空行,输入字符"我的大学我的梦"。

（2）移动文本。在"也曾经历过……努力去追求"段落左边选择区中双击,选中该段,单击"开始"选项卡→"剪贴板"组→"剪切",将光标定位于"正因为我不相信……我依然不顾一切地向前……"段落前面,单击"开始"选项卡→"剪贴板"组→"粘贴"。

（3）删除空格。

① 删除空格。单击"开始"选项卡→"编辑"组→"替换",弹出"查找和替换"对话框,选择"替换"选项卡,在"查找内容"组合框中,输入空格(在英语状态下);在"替换为"组合框中,不输入任何内容,取消选中"区分全/半角"复选框,单击"全部替换"按钮,即可删除全部空格。如图2-8所示。如果选中"区分全/半角"复选框,则只删除"半角空格"或"全角空格"。

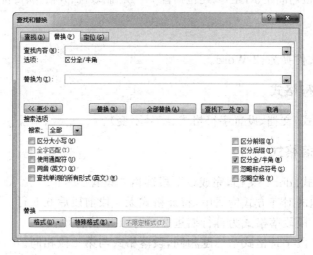

图2-8　"查找和替换"对话框

② 删除不间断空格。在"查找和替换"对话框中,选择"替换"选项卡,光标定位于"查找内容"组合框,单击"特殊字符",在列表框中,选择"不间断空格",或直接输入"^s",如图2-9所示;在"替换为"组合框中,不输入任何内容,单击"全部替换"按钮,可删除全部"不间断空格"。

（4）手动换行符替换为段落标记。在"查找和替换"对话框中,选择"替换"选项卡,光标定位于"查找内容"组合框,单击"特殊字符",在列表框中,选择"手动换行符",或直接输入

"^l";定位于"替换为"组合框,单击"特殊字符",在列表框中,选择"段落标记",或直接输入"^p",单击"全部替换"按钮。

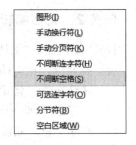

（5）删除空行,在"查找和替换"对话框中,选择"替换"选项卡,在"查找内容"组合框中,输入两个"段落标记",即"^p^p";在"替换为"组合框中,输入一个"段落标记",即"^p",单击"全部替换"按钮,弹出"Microsoft Word"对话框,如图 2-10 所示,单击"确定"按钮,再次单击"全部替换"按钮,直到提示"Word 已完成对文档的搜索并已完成 0 处替换"。

图 2-9　"特殊字符"的输入

说明：如果文档尾存在空行,此空行不能通过替换删除,"Microsoft Word"对话框提示为"Word 已完成对 文档 的搜索并已完成 1 处替换",用户只能手工删除。

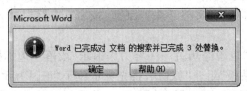

图 2-10　搜索提示框

项目2　格 式 设 置

字符格式主要包括字体、调整宽度、边框底纹和中文版式等,段落格式主要包括段落对齐方式、段落缩进、段前段后间距、行距等,还包括首字下沉、制表位、分栏、项目符号与编号等内容。

 项目内容

本项目操作文件夹为：2-Word。

任务 1　字符格式

打开"字符格式"文档,设置字符格式（字号不变）。

任务 2　段落格式

打开"段落格式.docx"文档,完成以下段落格式设置。
（1）设置标题的对齐方式为居中,特殊格式无。段前段后 0.5 行。
（2）设置第 1 段段落格式为首行缩进 2 字符,1.5 倍行距。
（3）设置第 2 段字符格式与标题相同,段落格式与第 1 段相同。
（4）清除第 3 段格式。

任务 3　格式替换

打开"格式替换"文档,将文档中所有"文本"替换为"字符",且格式设置为隶书、加粗、红色。

任务 4　首字下沉

打开"首字下沉"文档,设置第 1 段首字下沉,位置为下沉,字体为黑体,下沉行数为 2。

任务5 分栏

打开"分栏"文档,设置第2段等分分栏,中间间距2字符,加分隔线。

任务6 项目符号

打开"项目符号"文档,对正文段落应用项目符号"√"。要求:项目符号的对齐位置0.74厘米(2字符),文本缩进位置1.48厘米(4字符),编号之后添加制表位,不设置制表位的位置。

任务7 编号

打开"编号"文档,对正文段落应用编号"项目1"。要求:编号左对齐,对齐位置2字符,文本缩进位置0,编号之后添加制表位,不设置制表位的位置。

 项目实施

任务1 字符格式

打开"字符格式"文档,设置字符格式。

操作步骤:

(1)字体命令。单击"开始"选项卡→"字体"组→"字体"按钮,弹出"字体"对话框。选择"字体"选项卡,如图2-11所示。可以设置的内容包括中文字体、西文字体、字形、字号、字体颜色、下画线线型及颜色、着重号、上标、下标等。设置完成后,单击"确定"按钮。

图2-11 "字体"选项卡

(2)字体功能组。"开始"→"字体"组,可设置字体、字号、加粗、倾斜、下画线、上标、下标等。

(3)字符边框。选中字符,单击"开始"选项卡→"段落"组→"边框和底纹"下拉按钮,选择"边框和底纹",弹出"边框和底纹"对话框,自动定位到"边框"选项卡,在"设置"列表中选择"方框",在"线型"列表中选择"单实线",在"颜色"框中选择"自动"(默认颜色,一般为黑色),在"宽度"框中,选择"1.0 磅",在"应用于"下拉选择框中选择"文字",查看预览,如图 2-12 所示,单击"确定"按钮。

　　提示:通过"开始"选项卡→"字体"组中的字符边框只能设置单线边框。

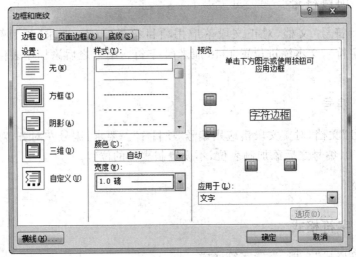

图 2-12　"边框"选项卡

　　(4) 设置字符底纹。

　　方法一:选中字符,在"边框和底纹"对话框中,选择"底纹"选项卡,单击"填充"组合框下拉按钮,在"主题颜色"列表中选择"白色,背景 1,深色 15%",如图 2-13 所示,单击"确定"按钮。

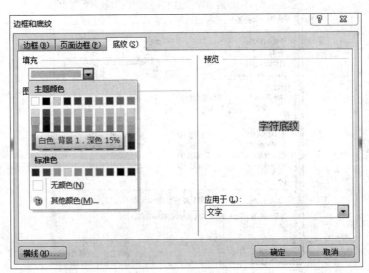

图 2-13　"底纹"选项卡

　　方法二:单击"开始"选项卡→"段落"组→"底纹"下拉按钮,在"主题颜色"列表中选择"白色,背景 1,深色 15%",如图 2-14 所示,单击"确定"按钮。

　　提示:通过"开始"选项卡→"字体"组中的字符底纹只能设置灰度底纹。

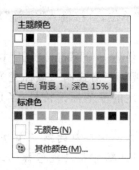

图 2-14 "底纹"命令

（5）字体格式效果如表 2-2 所示。

表 2-2 字体格式

格式要求	格式对象
字符倾斜	*计算机基础*
字符颜色(红色)	计算机基础
字符上标	x^2
字符下标	x_1 x_2
字符下划线(单实线)	计算机基础
字符着重号	计算机基础
字符边框－(实线 1 磅)	计算机基础
字符底纹(白色,背景 1,深色 15%)	计算机基础

任务 2　段落格式

打开"段落格式"文档,完成以下段落格式设置。

（1）设置标题的对齐方法为居中,特殊格式无。段前段后0.5 行。

（2）设置第 1 段段落格式为首行缩进 2 字符,1.5倍行距。

（3）设置第 2 段字符格式与标题相同,段落格式与第 1 段相同。

（4）清除第 3 段格式。

操作步骤:

（1）设置标题。选中标题段,单击"格式"→"段落"命令,弹出"段落"对话框,自动定位到"缩进和间距"选项卡,在"对齐方式"下拉列表框中,选择"居中";在"特殊格式"下拉框中,选择"无";在"段前"、"段后"数值框中,输入"10 磅"。如图 2-15 所示,单击"确定"按钮。

（2）设置第 1 段。选中第 1 段,在"特殊格式"中,选择"首行缩进",在"度量值"微调框中调整或输

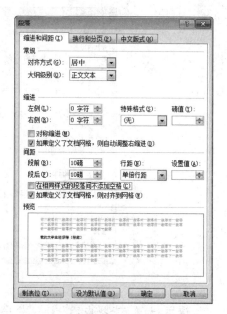

图 2-15 "缩进和间距"选项卡

入"2字符"(如果单位不是"字符"单位,直接输入"字符");行距为1.5倍行距。

(3) 设置第2段。

复制字符格式。选择标题中任意一个字符(复制字符格式时,切记不要选择段落标记符号),单击"开始"选项卡→"剪贴板"→"格式刷",鼠标变为刷子,刷第2段字符。

复制段落格式。选中第1段尾的段落标记符号(当且仅当选中段落标记),刷第2段段落标记(切记不要刷字符)。

提示:使用字符格式刷时,是以选中字符的第一个字符为基准进行字符格式设置,如果同时复制字符及段落格式,则同时选择字符及段落标记,再进行格式刷操作。

(4) 清除格式。选中第3段,单击"开始"选项卡→"字体"组→"清除格式",清除用户设置的格式。

提示:清除格式,不是清除对象的所有格式,只是清除用户修改后的格式,恢复到模板"正文"样式设定的格式。

任务3　格式替换

打开"格式替换"文档,将文档中所有"文本"替换为"字符",且格式设置为隶书、加粗、红色。

操作步骤:

(1) 打开文档,单击"开始"选项卡→"编辑"组→"替换",弹出"查找和替换"对话,自动定位到"替换"选项卡。在"查找内容"组合框中输入"文本",在"替换为"组合框中输入"字符"。单击"高级"按钮,展开"搜索选项"选项区域,单击"格式"按钮,在列表框中选择"字体",弹出"替换字体"对话框,设置格式为隶书、加粗、红色。单击"确定"按钮,返回"查找和替换"对话框,在"搜索选项"中,选择"搜索"为"全部",如图2-16所示,单击"全部替换"按钮。

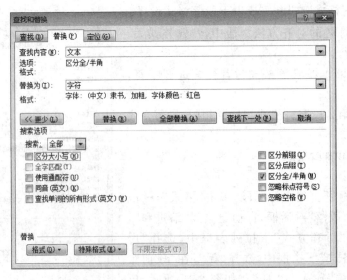

图2-16　设置替换

提示:如果"查找内容"或者"替换为"格式设置错误,可单击"不限定格式"按钮,取消已设置的格式。

图2-17　替换结果

（2）完成搜索并替换，弹出替换结果对话框，如图2-17所示，单击"确定"按钮。

任务4　首字下沉

打开"首字下沉"文档，设置第1段首字下沉，位置为下沉，字体为黑体，下沉行数为2。

操作步骤：

光标定位到第2段，单击"插入"选项卡→"文本"组→"首字下沉"下拉按钮，在列表框中，选择"首字下沉选项"，弹出"首字下沉"对话框，设置位置为下沉，字体为黑体，下沉行数为2，如图2-18所示，单击"确定"按钮。

任务5　分栏

打开"分栏"文档，设置第2段等分分栏，中间间距2字符，加分隔线。

操作步骤：

在选择区的第2段左边双击，选择第2段，单击"页面布局"选项卡→"页面设置"组→"分栏"下拉按钮，在列表框中，选择"更多分栏"，弹出"分栏"对话框，预设两栏，选中"分隔线"与"栏宽相等"，间距调整为"2字符"，应用于"所选文字"，如图2-19所示，单击"确定"按钮。

图2-18　设置首字下沉

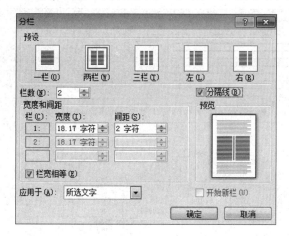

图2-19　分栏设置

任务6　项目符号

打开"项目符号"文档，对正文段落应用项目符号"√"。要求：项目符号的对齐位置0.74厘米（2字符），文本缩进位置1.48厘米（4字符），编号之后添加制表位，不设置制表位的位置。

操作步骤：

（1）确定项目符号。选择正文段落，单击"开始"选项卡→"段落"组→"项目符号"下拉按钮,在列表框中,选择项目符号"√",如图 2-20 所示,单击"定义新项目符号",弹出"定义新项目符号"对话框,可设置对齐方式,如图 2-21 所示。

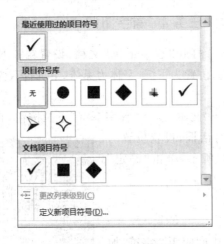

图 2-20　选择项目符号　　　　　　　　图 2-21　设置对齐方式

(2) 设置项目符号格式。所有项目符号及编号都是采用多级方式,一般情况下使用一级。单击"开始"选项卡→"段落"组→"多级列表"下拉按钮,在列表框中,选择"定义新多级列表",弹出"定义新多级列表"对话框,设置"对齐位置"为"0.74 厘米","文本缩进位置"为"1.48 厘米","编号之后"选择"制表符",不选中"制表位添加位置",如图 2-22 所示,单击"确定"按钮。

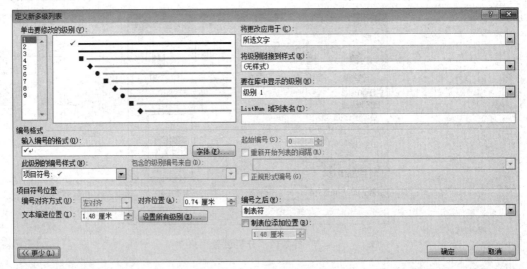

图 2-22　"定义新多级列表"对话框

提示:选择"编号之后"为"制表位",并选中"制表位添加位置",设置制表位的数值,可控制项目符号与首行文本之间的距离。

任务7　编号

打开"编号"文档,对正文段落应用编号"任务 1"。

图 2-23　编号库

要求:编号左对齐,对齐位置2字符,文本缩进位置为0,编号之后添加制表位,不设置制表位的位置。

操作步骤:

(1)确定编号。选中正文段落,单击"开始"选项卡→"段落"组→"编号"下拉按钮,在列表框中,选择一种数字编号样式,如图2-23所示。

(2)修改格式。单击"开始"选项卡→"段落"组→"多级列表"下拉按钮,弹出"定义新多级列表"对话框,选择"1"级,在"编号格式"文本框中,原编号前输入"任务",删除点号(.),对齐位置为2字符,文本缩进位置为0厘米,选择编号之后为制表符(如果选择"空格",编号之后添加一个空格,选择"不特别标注",编号之后为首字),如图2-24所示,单击"确定"按钮。

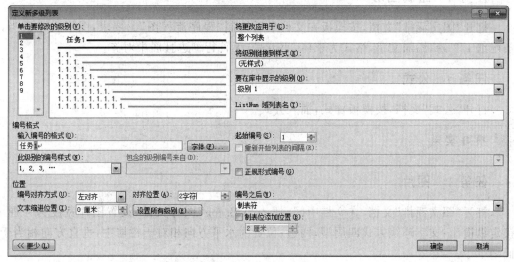

图 2-24　定义编号样式

项目3　图　　文

通过本项目操作,掌握在文档中插入图片、制作表格的各种方法,主要内容包括艺术字、文本框、图片图形以及表格。

 项目内容

本项目操作文件夹为"2-Word"。

任务1　图片

打开"图文混排"文档,在文档页面中间,插入"VB.jpg"图片文件,设置图片宽度为4厘米,锁定纵横比,文字环绕方式为四周型,两边;位置水平方向相对于栏居中,垂直方向相当于页面30%。

任务 2　文本框

打开"图文混排"文档,在文档的左边插入一个独立的竖排文本框。输入"VB 程序设计",字符格式为黑体,小四号,水平,垂直居中;文本框形状格式为无边框,根据文字调整形状大小;文本框位置为水平位置相对于页边框左对齐,垂直位置相对于页边距 10%,文字环绕为四周型,只在右侧。

任务 3　艺术字

打开"图文混排"文档,在文档的开头插入一空行,再插入艺术字,内容为"VB 程序设计",采用第 2 行第 2 列艺术字列表样式,设置字符格式为华文新魏,20 号;段落格式为无首行缩进;艺术字格式的文本效果为"正 V 形";环绕方式为"嵌入型";艺术字所在段落居中,无首行缩进。

任务 4　绘制图形

打开"图文混排"文档,按模板在文档最后绘制"程序流程图"。要求:图形大小适当,线条粗细 1/2 磅,添加文字,格式为宋体,小五号,无首行缩进且居中对齐。

任务 5　公式

打开"公式"文档,按模板样式,插入公式。

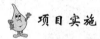 项目实施

任务 1　图片

打开"图文混排"文档,在文档中间,插入"VB.jpg"图片文件,设置图片宽度为 4 厘米,锁定纵横比;文字环绕方式四周型,两边;位置为水平方向相对于栏居中,垂直方向相当于页面 30%。

操作步骤:

(1) 插入图片。光标定位于文档任意位置,单击"插入"选项卡→"插图"组→"图片",弹出"插入图片"对话框,定位文件夹,选择"VB.jpg"图片文件,单击"插入"按钮。

(2) 设置图片格式/大小。选择图片,单击"图片工具/格式"上下文选项卡→"大小"组→"高级版式:大小"按钮,弹出"布局"对话框,自动定位到"大小"选项卡,设置宽度为"4 厘米",选中"锁定纵横比"、"相对原始图片大小",如图 2-25 所示。

(3) 设置图片格式/文字环绕。在"布局"对话框中,选择"文字环绕"选项卡,选择环绕方式为"四周型",自动换行为"两边",如图 2-26 所示。

(4) 设置图片格式/位置。在"布局"对话框中,选择"位置"选项卡,选择水平对齐方式为居中,相对于"栏",垂直相对位置为"30%",相对于"页面",如图 2-27 所示。单击"确定"按钮,效果如图 2-28 所示。

提示:

文档中插入图片有两种格式,一种为"嵌入式",另一种为"浮动式","嵌入式"的特点是图片

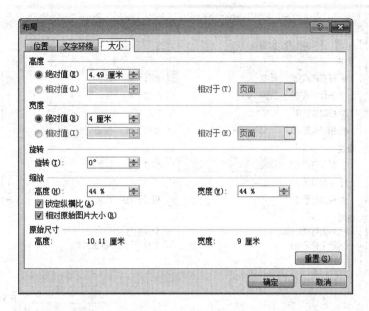

图 2-25　设置大小

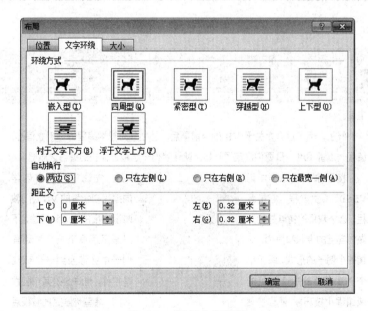

图 2-26　设置文字环绕

与文字在同一层,整个图片相当于一个字符,嵌入在文字之间,这种图片的格式常常自成一个段落且居中。"浮动式"的特点是图片与文字是分层的,图片与文字之间的位置关系可以有多种选择,有四周型、紧密型、穿越型、上下型、衬于文字下文、浮于文字上方等。

任务2　文本框

打开"图文混排"文档,在文档的左边插入一个独立的竖排文本框。输入"VB程序设计",字符格式为黑体,小四号,水平,垂直居中;文本框形状格式为无边框,根据文字调整形状大小;文本框位置为水平位置相对于页边框左对齐,垂直位置相对于页边距10%,文字环

图 2-27　设置位置

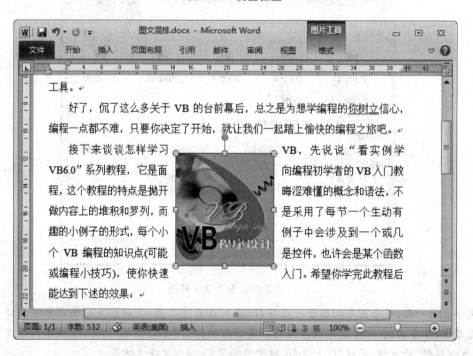

图 2-28　设置效果

绕为四周型,只在右侧。

操作步骤:

(1)插入文本框。光标定位于文档任意处,单击"插入"选项卡→"文本"组→"文本框"下拉按钮,在列表框中,选择"绘制竖排文本框",手工拖动绘制文本框,大小适当,输入"VB程序设计",设置字符格式为黑体、小四。单击"开始"选项卡→"段落"组→"水平居中"(文字

VB程序设计

垂直居中）；单击"绘图工具/格式"上下文选项卡→"文本"组→"对齐方式"下拉按钮，在列表框中，选择"居中"（文字水平居中），如图 2-29 所示。

（2）设置形状格式。选中文本框，右击，在快捷菜单中选择"设置形状格式"，弹出"设置文本效果格式"对话框，左边导航窗格选择"文本边框"右边选中"无线条"，如图 2-30 所示。左边导航窗格选择"文本框"，右边选中"根据文字调整形状大小"，如图 2-31 所示。

图 2-29　文本框字符格式

图 2-30　设置文本边框

图 2-31　设置文本框

（3）设置布局/位置。选中文本框，右击，在快捷菜单中选择"其他布局选项"，弹出"布局"对话框，自动定位到"位置"选项卡，设置水平对齐方式为左对齐，相对于页边距。垂直相对位置为10%，相对于页边距，如图2-32所示。

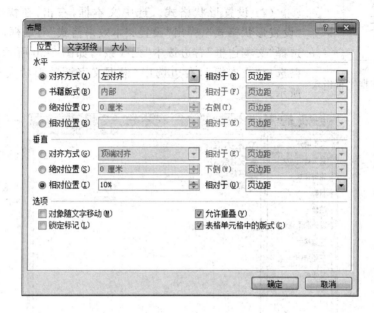

图 2-32　设置位置

（4）设置布局/文字环绕。在"布局"对话框中，选择"文字环绕"选项卡，设置"环绕方式"为"四周型"，选中"只在右侧"单选按钮，如图 2-33 所示。设置效果如图 2-34 所示。

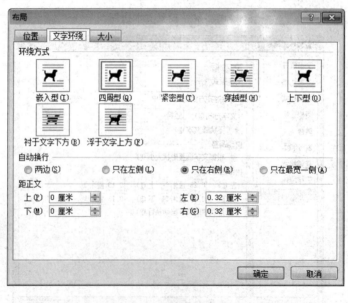

图 2-33　设置文字环绕

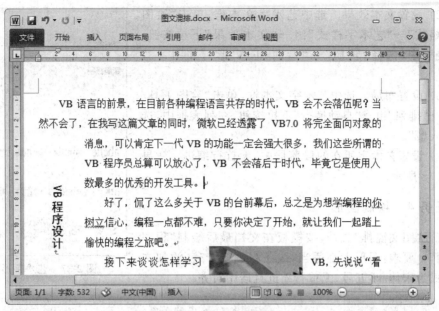

图 2-34 文本框设置效果

任务 3 艺术字

打开"图文混排"文档,在文档的开头插入一空行,再插入艺术字,内容为"VB 程序设计",采用第 2 行第 2 列艺术字列表样式,设置字符格式为华文新魏,20 号;段落格式为无首行缩进;艺术字格式的文本效果为"正 V 形";环绕方式为"嵌入型";艺术字所在段落居中,无首行缩进。

操作步骤:

(1)选择样式。打开"图文混排.docx"文档,定位于文档的开头,按"Enter"键,产生一空行,定位空行,单击"插入"→"文本"组→"艺术字"下拉按钮,在艺术字样式列表样式中,单击"艺术字"下拉按钮,在艺术字样式列表框中,选择"第 2 行第 2 列",如图 2-35 所示。在光标定位处显示"请在此放置您的文字"文本框,删除文本框内字符,重新输入"VB 程序设计",选择"VB 程序设计",设置字符格式为华文新魏,20 号;段落格式为无首行缩进。效果如图 2-36 所示。

图 2-35 艺术字样式列表

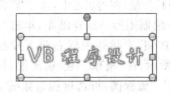

图 2-36 艺术字文本框

（2）设置文本效果。选中艺术字文本框，单击"绘图工具/格式"→"艺术字样式"组→"文本效果"下拉按钮，在列表框中，选择"转换"→"弯曲/正 V 形"，如图 2-37 所示。

（3）设置布局。选中艺术字文本框，单击"绘图工具/格式"→"排列"组→"自动换行"下拉按钮，在列表框中，选择"嵌入型"。

（4）设置艺术字所在的段落居中，无首行缩进。效果如图 2-38 所示。

任务 4　绘制图形

打开"图文混排"文档，按模板在文档最后绘制"程序流程图"。要求：图形大小适当，线条粗细1/2磅，添加文字，格式为宋体，小五号，无首行缩进且居中对齐。

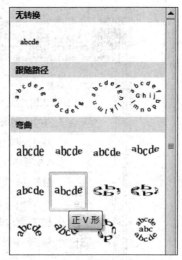

图 2-37　艺术字形状

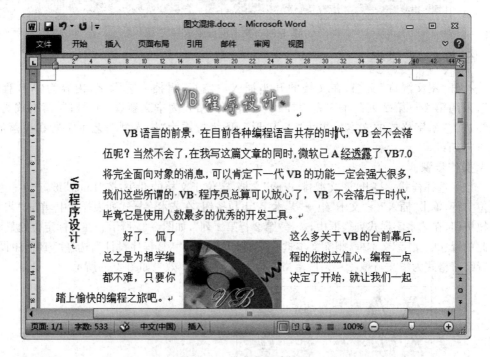

图 2-38　艺术字设计效果

操作步骤：

（1）绘制画布。在文档模板下面，插入一空行，定位此行，单击"插入"选项卡→"插图"组→"形状"下拉按钮，在列表框中，选择"新建绘图画布"，在文档中显示一块画布，如图 2-39 所示。

（2）绘制图形。选择画布，单击"绘图工具/格式"上下文选项卡→"插入形状"组→"其他"下拉按钮（形状列表框右侧下拉按钮），在形状列表框中，选择"流程图：准备"图形，如图 2-40 所示，在"画布"中绘制图形，同理绘制"流程图：手动输入"、"流程图：决策"、"流程图：过程"、"流程图：可选过程"，如图 2-41 所示。

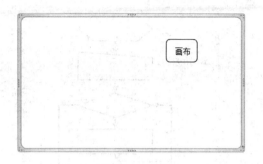

图 2-39 绘制画布

图 2-40 "画布"布局

（3）设置图形样式。框选所有图形，单击"绘图工具/格式"→"形状样式"组→"形状填充"下拉按钮，在列表框中，选择"无填充颜色"。再单击"形状轮廓"下拉按钮，选择"粗细"→"1磅"。设置形状效果如图 2-42 所示。

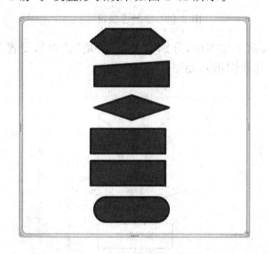

图 2-41 绘制图形

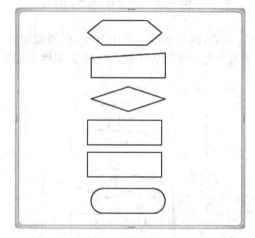

图 2-42 绘制图形

（4）画连接线。选择画布，在"绘图工具/格式"→"插入形状"组中，在图形列表框中选择"箭头"，当鼠标接近图形时，自动捕捉控点，按下鼠标左键，拖动到另一个图形，自动捕捉控点后，释放鼠标，完成连接线画法，如图 2-43 所示。

同理，完成其余"箭头"和"肘形箭头连接符"画法。

全选连接线，单击"绘图工具/格式"→"形状样式"组→"形状轮廓"下拉按钮，在列表框中，选择"箭头"→"箭头样式 5"，如图 2-45 所示。

（5）添加文字。选择"准备"图形，右击，在快捷菜单中选择"添加文字"。这时光标定位于图形中，输入文字"开始"。选择"开始"文本，设置文字格式为宋体、小五、黑色（默认颜色为白色，用户输入文字，由于背景为白色，无法显示）；段落格式为无首行缩进，居中对齐。

（6）调整图形大小和位置。调整大小：选中图形，鼠标放在图形控点上，待变为双向箭头时，拖动鼠标，可改变形大小。调整位置：选中图形，按方向键，或者鼠标拖动图形，可调整图形位置；按住"Ctrl"再按方向键，可微调图形位置。

同理，设置其他图形格式及输入文字，如图 2-45 所示。

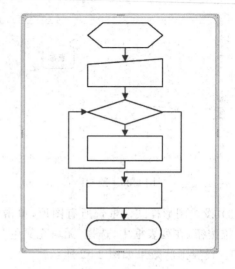

图 2-43 "连接符"端点的捕捉

图 2-44 绘制连接符

（7）画文本框。选中画布，在画面中插入两个文本框，分别输入文字"是"、"否"，设置文本框"无轮廓""置于底层"（使文本框不遮挡其他图形），如图 2-46 所示。

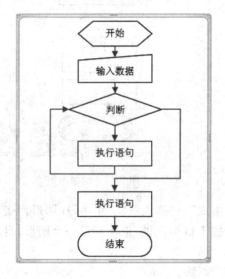

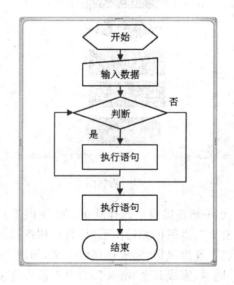

图 2-45 添加文字

图 2-46 变换图层

提示：

① 设置形状样式时，可直接套用主题样式，快捷设置形状填充与形状轮廓。

② 绘制图形之间连线，"连接符"能自动捕捉图形中点或端点，且随着图片的移动始终保持连接。对"连接符"可以拖动"红色"端点，调整"连接符"端点的位置。对"肘形连接符"可以拖动线上"黄色棱形"控点，调整线条的位置。

③ 添加文字，文字与图形周边之间的距离是可以调整的，调整上下间距，可以使图形高度适当减少，调整方法如下：

选中图形，单击"绘图工具/格式"上下文选项卡→"形状样式"组→"形状样式"按钮，弹出"设置形状格式"对话框，在"导航"窗格中选中"文本框"，在右侧窗口中，调整"内部边距"，上、下边距默认值为 0.13 厘米,可调整为 0 厘米,如图 2-47 所示。

图 2-47 "设置形状格式"对话框

任务5 公式

打开"公式"文档,按公式模板样式,插入数学公式,默认字体,字号20。

操作步骤:

图 2-48 "对象"对话框

(1) 插入公式文本框。定位公式输入位置,单击"插入"选项卡→"符号"组→"公式"下拉按钮,在列表框中,选择"插入新公式",在文档中,插入空白公式文本框,设置字符 20,如图 2-48 所示。

(2) 输入分数。在公式文本框中,输入"cot",单击"公式工具/设计"上下文选项卡→"分数"下拉按钮,在列表框中,选择"分数(竖式)",如图 2-49 所示。定位分子文本框,在"公式工具/设计"上下文选项卡→"符号"组中,选择"α"字符,定位分母文本框,输入"2",定位分数右边,输入"$=\pm$"。

(3) 输入根式。单击"公式工具/设计"上下文选项卡→"根式"下拉按钮,在列表框中,选择"平方根",再插入分式,输入分子"$1+\cos\alpha$"和分母"$1-\cos\alpha$",写成公式输入,如图 2-50 所示。

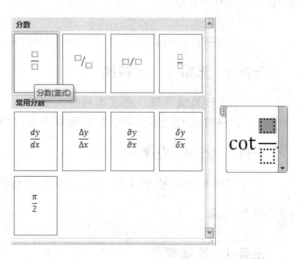

图 2-49 输入分数

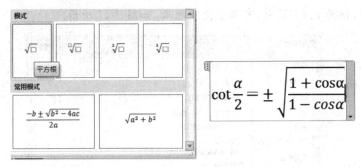

图 2-50 输入根式

项目4 表   格

表格是文档中一个重要的组成部分,许多内容需要用表格来表达。表格的内容主要包括制作表格、表格的格式化及文字与表格转换等。

项目内容

提示:在"2-Word"文件夹中,打开"表格"文档,完成以下操作。

任务 1 绘制课程表

(1)插入表格。表格大小为 7 行 7 列;

(2)表格属性。设置表格宽度为 14 厘米,居中,无文字环绕;第 1 行高度为 1.8 厘米,其余各行高度为 1 厘米。

(3)边框底纹。表格外边框为 1.5 磅的单实线,第 1 行下边框为 1.5 磅的双实线,底纹样式为"15%"。

(4)单元格格式。按模板要求,合并单元格;对齐方式水平居中、垂直居中;G2 合并单元格文字方向为竖排。

(5)建立表头。

(6)输入字符并格式。设置字符格式为宋体、五号,输入字符。

任务 2 表格与文本转换

(1)文本转换成表格。将文本转换成表格。

(2)表格转换为文本。将表格转换成文本(以制表符为分隔符)。

任务 3 公式、排序

计算表格平均分,保留 1 位小数,并按平均分降序排列。

项目实施

任务 1 绘制表格

打开"表格"文档,按模板要求,绘制课程表。

(1)插入表格。表格大小为 7 行 7 列;

（2）表格属性。设置表格宽度为 14 厘米，居中，无文字环绕；第 1 行高度为 1.8 厘米，其余各行高度为 1 厘米。

（3）边框底纹。表格外边框为 1.5 磅的单实线，第 1 行下边框为 1.5 磅的双实线，底纹样式为"15％"。

（4）单元格格式。按模板要求，合并单元格；对齐方式水平居中、垂直居中；G2 合并单元格文字方向为竖排。

（5）建立表头。

（6）输入字符并格式。设置字符格式为宋体、五号，输入字符。

操作步骤：

（1）插入表格。定位文档最后一空行，单击"插入"选项卡→"表格"组→"表格"下拉按钮，在列表格中，拖动到 7 行 7 列，或选择"插入表格"，弹出"插入表格"对话框，调整列数为"7"，行数为"7"，如图 2-51 所示。

图 2-51　"插入表格"对话框

（2）表格格式。单击表格左上角的全选标记，选择全表，右击，在快捷菜单中选择"表格属性"，弹出"表格属性"对话框，自动定位于"表格"选项卡，选中"指定宽度"复选框，在"指定宽度"复选框中输入"14"，在"度量单位"下拉列表框中选择"厘米"，选择"居中"对齐，"无"文字环绕。如图 2-52 所示，选择"行"选项卡，选中"指定高度"复选框，在数值框中输入"1 厘米"（设置 1～7 行行高）。单击"下一行"，设置"第 1 行"行高为"1.8 厘米"，单击"确定"按钮。

图 2-52　"表格"选项卡

（3）边框底纹。

① 设置外边框，选择全表，右击，在快捷菜单中选择"边框和底纹"，弹出"边框和底纹"对话框，自动定位于"边框"选项卡，选择"虚框"（外边框）、"单实线"、"1.5 磅"宽度，如图 2-53 所示，单击"确定"按钮。

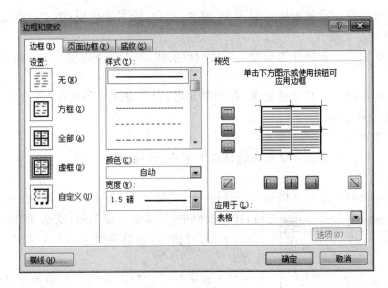

图 2-53 "边框"选项卡

② 设置第 1 行边框与底纹。选择第 1 行，在"边框"选项卡中，选择"自定义"、"双实线"、"1.5 磅"宽度，在"预览"区域中，单击"下边线"。切换至"底纹"选项卡，在"图案/样式"下拉列表框中，选择"15％"，如图 2-54 所示，单击"确定"按钮。

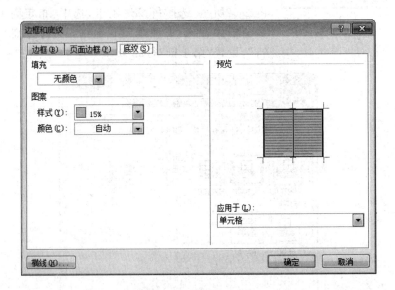

图 2-54 "底纹"选项卡

（4）单元格格式。

① 选择 A4:F4，右击，在快捷菜单中选择"合并单元格"；同理合并 G2:G7。

② 选择全表，右击，在快捷菜单中选择"单元格对齐方式"→"水平居中"。

③ 选择 G2 合并单元格，单击"表格工具/布局"上下文选项卡→"对齐方式"组→"文字方向"，文字变为竖排。

（5）建立表头。单击"表格工具/布局"上下文选项卡→"绘图边框"组→"绘制表格"，在 A1 单元格绘画一条斜线，输入 2 空行，设置第 1 行"右对齐"，第 2 行"左对齐"。

（6）输入字符并格式。设置字符格式为宋体、五号，输入字符。表格效果如图 2-55 所示。

星期 节次	星期一	星期二	星期三	星期四	星期五	星期日
第 1~2 节						休息
第 3~4 节						
午　休						
第 5~6 节						
第 7~8 节						
晚自习						

图 2-55　表格效果

任务 2　表格与文本转换

（1）文本转换成表格。将文本转换成表格。

（2）表格转换为文本。将表格转换成文本（以制表符为分隔符）。

操作步骤：

（1）文本转换成表格。选择文本，单击"插入"选项卡→"表格"组→"表格"下拉按钮，在列表框中，选择"文本转换成表格"，弹出"将文字转换成表格"对话框，选中"固定列宽"、"逗号"，如图 2-56 所示，单击"确定"按钮。效果如图 2-57 所示。

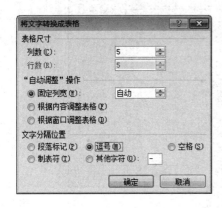

图 2-56　"将文本转换成表格"对话框

姓名	性别	英语	数学	语文
张斌	女	86	80	75
李华	男	80	90	86
陈宏	男	76	70	90
张峰	男	68	84	98

图 2-57　文本转换为表格

（2）表格转换成文本。选定表格，单击"表格工具/布局"→"数据"组→"转换为文本"，弹出"表格转换成文本"对话框，选中"制表符"，如图 2-58 所示，单击"确定"按钮。效果如图 2-59 所示。

图 2-58 "表格转换成文本"对话框

姓名	性别	英语	数学	语文
李兰	女	86	85	74
李山	男	80	90	75
蒋宏	男	76	70	83
张文峰	男	58	84	71
黄霞	女	46	83	74

图 2-59 表格转换为文本

任务 3 公式、排序

计算表格平均分,保留 1 位小数,并按平均分降序排列。

操作步骤:

(1) 公式。选择 F2 单元格,单击"表格工具/布局"→"数据"组→"公式",弹出"公式"对话框,删除"公式"文本框中的内容,输入"＝"号,粘贴函数"AVERAGE",输入参数"LEFT",设置"数字格式"为"0.0",如图 2-60 所示,单击"确定"按钮。

(2) 排序。选择表格,单击"表格工具/布局"→"数据"组→"排序",弹出"排序"对话框,先选择"有标题行"单选按钮,再选择"主要关键字"为"平均分","类型"为"数字",选中"降序"单选按钮,如图 2-61 所示,单击"确定"按钮。效果如图 2-62 所示。

图 2-60 建立公式

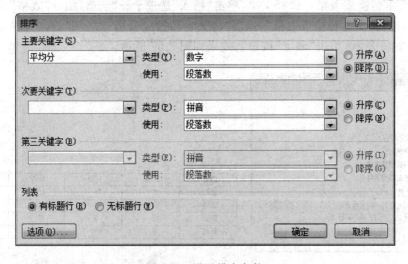

图 2-61 设置排序条件

姓名	性别	英语	数学	语文	平均分
李华	男	80	90	86	85.3
张峰	男	68	84	98	83.3
张斌	女	86	80	75	80.3
陈宏	男	76	70	90	78.7

图 2-62 表格公式与排序

项目5　高级操作

通过本项目操作,掌握页面设置内容、样式的使用多级编号以及邮件合并的应用。本项目主要包括样式、多级编号邮件合并和页面设置。

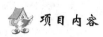 项目内容

本项目操作文件夹为:"2-Word"。

任务1　邮件合并

主文档"成绩单",数据源"成绩表.docx",邮件合并生成新文档"成绩通知单"。

任务2　样式

打开"论文"文档,完成以下修改标题样式操作。

"标题1":字体为黑体、三号;段落为居中、大纲级别1级,无首行缩进,段前段后间距1行,单倍行距。

"标题2":字体为黑体、小三号;段落为居中、大纲级别2级,无首行缩进,段前段后间距0.5行。

"标题3":字体为黑体、四号;段落为两端对齐、大纲级别3级、无首行缩进,段前段后间距0.5行。

任务3　多级编号

"1级编号":第1章　("第"和"章"输入,"章"字后空两空格),编号样式1,2,3,…,起始编号1,编号位置为左对齐,对齐位置为0,缩进位置为0,将级别链接到样式"标题1",编号之后为不特别标注。

"2级编号":1.1　(编号之后空两空格),编号样式1,2,3,…,起始编号1,编号位置为左对齐,对齐位置为0,缩进位置为0,将级别链接到样式"标题2",编号之后为不特别标注,在其后重新开始编号下拉列表框中选择"级别1"。

"3级编号":1.1.1　(编号之后空两空格),编号样式1,2,3,…,起始编号1,编号位置为左对齐,对齐位置为0,缩进位置为0,将级别链接到样式"标题3",编号之后为不特别标注,在其后重新开始编号下拉列表框中选择"级别2"。

"论文"文档中各级标题应用对应的标题样式。

任务4　页面布局

打开"论文"文档,完成以下操作。

(1) 页面设置:大小为A4,上、下页边距为2.54 cm,左、右页边距为3.17 cm,页眉为1.5 cm,页脚为1.5 cm。

(2) 分节:封面、摘要、目录、正文各为一节,封面(第1节)。无页眉页脚。

(3) 摘要(第2节)无页眉,页脚为Ⅰ,Ⅱ,Ⅲ…,起始页码为Ⅰ,小五号,居中。

（4）目录（第 3 节）无页眉；页脚为Ⅰ,Ⅱ,Ⅲ…,起始页码为Ⅰ,小五号,居中。

（5）正文（第 4 节）：页脚为第 X 页　共 Y 页,起始页码为 1,小五号,居中。页眉为"××大学××学院××××届毕业论文",黑体,小五号,居中,无特殊格式。

任务 5　目录

打开"论文"文档,插入目录并修改目录样式。

"目录 1"字体:黑体、小四号,无首行缩进,1.5 倍行距。

"目录 2"字体:宋体、五号,左侧 2 字符,无首行缩进,1.5 倍行距。

"目录 3"字体:宋体、五号,左侧 4 字符,无首行缩进,1.5 倍行距。

 项目实施

任务 1　邮件合并

主文档"成绩单",数据源"成绩表.docx",邮件合并生成新文档"成绩通知单"。

操作步骤:

（1）选择邮件合并类型。打开"成绩单.docx"文档,单击"邮件"选项卡→"开始邮件合并"组→"开始邮件合并"下拉按钮,在列表框中,选择"信函"或"普通 Word 文档"。

（2）链接数据源。单击"邮件"选项卡→"开始邮件合并"组→"选择收件人"下拉按钮,选择"使用现有列表",弹出"选取数据源"对话框,选择"成绩单.docx",单击"打开"按钮。

（3）插入域。将插入点移到主文档"同学"左边,单击"邮件"选项卡→"编写和插入域"组→"插入合并域"下拉按钮,在"域"列表中,选择"姓名",如图 2-63 所示。同理插入其余成绩的域,插入域后主文档的效果如图 2-64 所示。

图 2-63 插入合并域

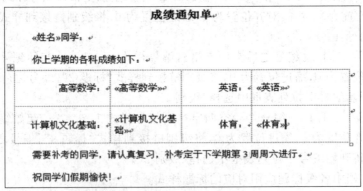

图 2-64　插入域后主文档的效果

（4）预览结果。单击"邮件"选项卡→"预览结果"组→"预览结果",显示邮件合并预览结果,如图 2-65 所示。再次单击关闭"预览"状态,返回编辑状态。

（5）保存文档。单击"邮件"选项卡→"完成"组→"完成并合并"下拉按钮,在列表框中,选择"编辑单个文档",弹出"合并到新文档"对话框,选择"全部"单选按钮,如图 2-66 所示,单击"确定"按钮,生成"信函 1"邮件合并文档,另存为"成绩通知单.docx"。

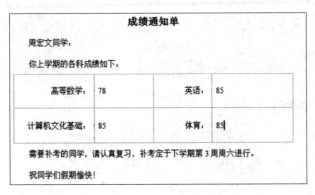

图 2-65　第一条记录合并的数据

任务 2　样式

打开"论文.docx"文档,完成以下修改标题样式操作。

"标题 1":字体为黑体、加粗、三号;段落为居中、大纲级别 1 级,无首行缩进,段前段后间距 17 磅,单倍行距。

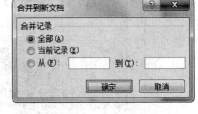

图 2-66　"合并到新文档"对话框

"标题 2":字体为黑体、小三号;段落为居中、大纲级别 2 级,无首行缩进,段前段后间距 13 磅。

"标题 3":字体为黑体、四号;段落为两端对齐、大纲级别 3 级、无首行缩进,段前段后间距 13 磅。

操作步骤:

修改标题样式。在"开始"选项卡→"样式"组的样式列表框中,选择"标题 1"样式,右击,在快捷菜单中选择"修改",弹出"修改样式"对话框,设置字体格式为黑体、三号;单击"格式"→"段落",弹出"段落"对话框,设置大纲级别为 1 级,无首行缩进,段前段后间距为 30 磅,单倍行距,如图 2-67 所示。

同理修改"标题 2"和"标题 3"格式。

任务 3　多级编号

"1 级编号":第 1 章　("第"和"章"输入,"章"字后空两空格),编号样式 1,2,3,…,起始编号 1,编号位置为左对齐,对齐位置为 0,缩进位置为 0,将级别链接到样式"标题 1",编号之后为不特别标注。

"2 级编号":1.1　(编号之后空两空格),编号样式 1,2,3,…,起始编号 1,编号位置为左对齐,对齐位置为 0,缩进位置为 0,将级别链接到样式"标题 2",编号之后为不特别标注,在其后重新开始编号下拉列表框中选择"级别 1"。

"3 级编号":1.1.1　(编号之后空两空格),编号样式 1,2,3,…,起始编号 1,编号位置为左对齐,对齐位置为 0,缩进位置为 0,将级别链接到样式"标题 3",编号之后为不特别标注,在其后重新开始编号下拉列表框中选择"级别 2"。

"论文"文档中各级标题应用对应的标题样式。

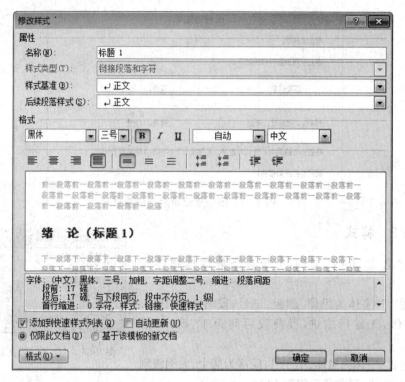

图 2-67　修改标题样式

操作步骤：

（1）建立 1 多级编号。单击"开始"选项卡→"段落"组→"多级列表"下拉按钮，选择"定义新多级列表"，弹出"定义新多级列表"对话框。单击"更多"按钮，选择级别"1"，编号格式为"第 1 章"（"第"和"章"直接输入，章后加两个空格），编号样式为"1，2，3，…"，"起始编号"为"1"，编号位置为"左对齐"，对齐位置为"0 厘米"，缩进位置为"0 厘米"，将级别链接到"标题 1"，编号之后"不特别标注"，如图 2-68 所示。

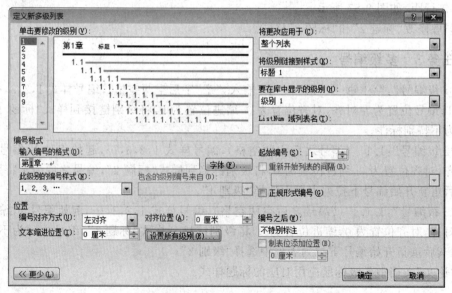

图 2-68　定义 1 级编号

（2）定义 2 级编号。2 级编号后也加两个空格，如图 2-69 所示。

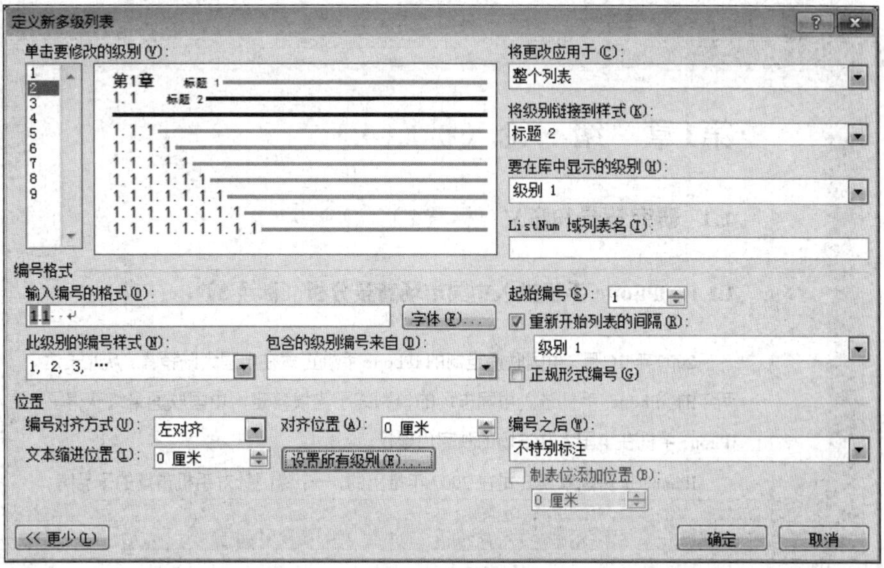

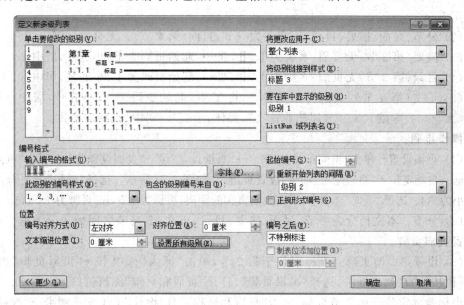

图 2-69　定义 2 级编号

（3）定义 3 级编号。3 级编号后也加两个空格，如图 2-70 所示。

图 2-70　定义 3 级编号

（4）应用标题样式，选择正文开头"绪论"，在"开始"选项卡→"样式"组中的样式列表中，选择"标题 1"，使用"格式刷"刷其他对应同级标题。同理应用标题 2、标题 3。效果如图 2-71 所示。

任务 4　页面设置

打开"论文"文档，完成以下操作。

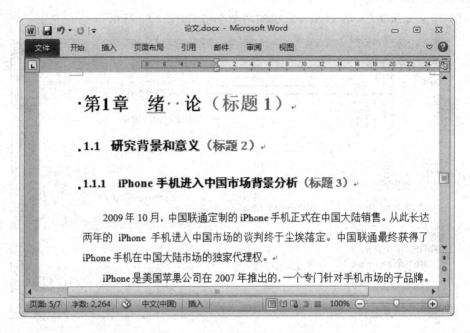

图 2-71 应用多级编号及标题样式

(1) 页面设置：大小为 A4，上、下页边距为 2.54 cm，左、右边距为 3.17 cm，页眉1.5 cm，页脚 1.5 cm。

(2) 分节：封面、摘要、目录、正文各为一节，封面（第 1 节）。无页眉页脚。

(3) 摘要（第 2 节）无页眉；页脚为Ⅰ，Ⅱ，Ⅲ…，起始页码为Ⅰ，小五号，居中。

(4) 目录（第 3 节）无页眉；页脚为Ⅰ，Ⅱ，Ⅲ…，起始页码为Ⅰ，小五号，居中。

(5) 正文（第 4 节）：页脚为第 X 页　共 Y 页，起始页码为 1，小五号，居中。页眉为"××大学××学院××××届毕业论文"，黑体，小五号，居中，无特殊格式。

操作步骤：

(1) 页面设置。单击"页面布局"选项卡→"页面设置"组→"页面设置"按钮，弹出"页面设置"对话框。自动定位于"页边距"选项卡，设置页边距，如图 2-72 所示。选择"纸张"选项卡，设置纸张大小为 A4。选择"版式"选项卡，设置页眉页脚的距离，页眉为 1.5 cm，页脚为 1.5 cm。

(2) 分节。本文档分为 4 节，封面、摘要、目录、正文，节与节之间插入分节符。第 1 节不设置页眉页脚。

(3) 设置第 2 节页码。光标定位于第 2 节，单击"插入"选项卡→"页眉页脚"组→"页脚"下拉按钮，在列表框中，选择"编辑页脚"，打开"页眉和页脚"编辑窗口。

光标自动定位于第 2 节页脚，单击"页眉和页脚工具/设计"上下文选项卡→"导航"组→"链接到前一条页脚"，断开与前 1 节页脚的链接；设置字号为小五，段落居中。

单击"页眉和页脚工具/设计"上下文选项卡→"页眉页脚"组→"页码"下拉按钮，在列表框中，选择"当前数字"→"普通数字 1"。

再单击"页码"下拉按钮，在列表框中，选择"设置页码格式"，弹出"页码格式"对话框，设置"编号格式"为"Ⅰ，Ⅱ，Ⅲ…"，"起始页码"为"Ⅰ"，如图 2-73 所示，效果如图 2-74 所示。

(4) 第 3 节设置同第 2 节设置。

(5) 设置第 4 节页眉页脚。

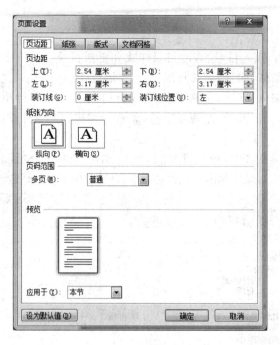

图 2-72 页边距设置

设置页脚。单击"页眉和页脚工具/设计"上下文选项卡
→"导航"组→"下一节",定位于第 4 节页脚,单击"页眉和页
脚工具/设计"上下文选项卡→"页眉页脚"组→"页码"下拉按
钮,在列表框中,选择"当前数字"→"X/Y 加粗显示的数字"
(X 表示页码,Y 表示总页数),修改页脚样式为"第 X 页 共
Y 页"(保持页码、总页数不变),效果如图 2-75 所示。

设置页眉。单击单击"页眉和页脚工具/设计"上下文
选项卡→"导航"组→"转到页眉",光标定位于页眉,单击
"页眉和页脚工具/设计"上下文选项卡→"导航"组→"链
接到前一条页眉",断开与前 1 节页眉的链接;设置字符格
式,黑体,小五号,居中,无特殊格式,输入"××大学××
学院××××届毕业论文",效果如图 2-76 所示。

图 2-73 设置页码格式

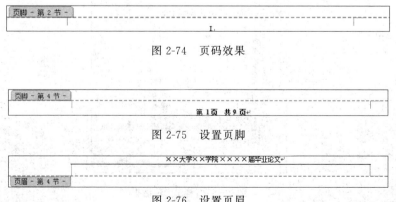

图 2-74 页码效果

图 2-75 设置页脚

图 2-76 设置页眉

任务5 目录

打开"论文"文档,插入目录、修改目录样式和更新目录。

"目录1"字体:黑体、四号,无首行缩进,1.5倍行距。

"目录2"字体:宋体、五号,左侧2字符,无首行缩进,1.5倍行距。

"目录3"字体:宋体、五号,左侧4字符,无首行缩进,1.5倍行距。

操作步骤:

(1)目录设置。定位于"目录"行下一行,单击"引用"选项卡→"目录"组→"目录"下拉按钮,在列表框中,选择"插入目录",弹出"目录"对话框,自动定位于"目录"选项卡,如图2-77所示。

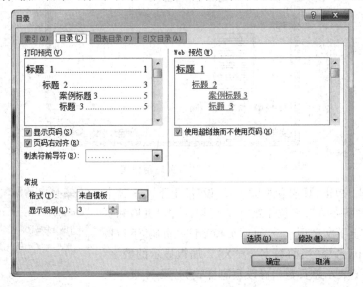

图2-77 "目录"对话框

(2)修改目录样式。单击"修改"按钮,弹出"样式"对话框,选择"目录1",单击"修改"按钮,弹出"修改样式"对话框,单击"修改",修改格式为黑体、四号、无首行缩进、1.5倍行距,单击"确定"按钮,返回"样式"对话框,如图2-78所示,同理,修改"目录2"、"目录3"样式。

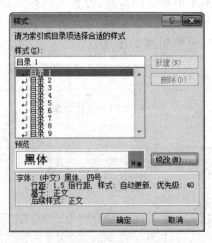

图2-78 "样式"对话框

（3）插入目录。目录样式修改完成后，在"样式"对话框中，单击"确定"按钮，返回"目录"对话框，单击"确定"按钮，自动在光标位置插入目录，效果如图 2-79 所示。

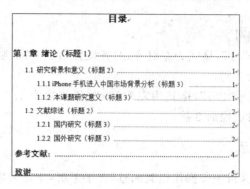

图 2-79 插入目录效果

（4）更新目录。当文档内容及页码发生变化，需要更新目录，更新目录的方法是：选中"目录"，右击，选择快捷菜单"更新域"，弹出"更新域"对话框，可以选择"只更新页码"或者"更新整个目录"单选按钮，如图 2-80 所示，单击"确定"按钮。

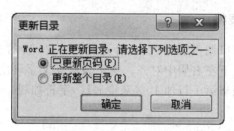

图 2-80 "更新目录"对话框

项目6 Word 综合实训

在"综合实训"文件夹中，打开"综合实训"文档，完成下列操作。

任务 1 页面设置

（1）设置纸张大小为 16 开，上、下边距为 2.54 厘米，左、右边距为 3.17 厘米。

（2）页眉页脚设置。在奇数页页眉中插入文字"计算机文化基础"，左对齐；偶数页页眉中插入"上机实训"，右对齐。插入页脚"第×页"（其中，×为页码，格式为"1,2,3,…"），位于页脚的外侧。

任务 2 插入艺术字

标题"计算机基础知识"设为艺术字，艺术字库为 2 行 3 列，字体为黑体，字号为 36 磅，版式为嵌入型，居中显示。

任务 3 查找和替换

在段落"1946 年……生活之中"中查找"计算机"字符，并全部替换为隶书，并加双波浪线的下画线。

任务 4 编号

按文档要求添加编号。

(1) 添加圆点编号"1.",格式为左对齐,对齐位置为 2 字符,制表符位置为 4 字符,无缩进,字形加粗,段前段后 5 磅。

(2) 编号圆括号编号"(1)",格式为左对齐,对齐位置为 1.5 字符,制表符位置为 4 字符,缩进位置 4 字符,段前段后 3 磅。

任务 5 首字下沉

将段落"第一代计算机……操作极其困难"首字下沉,字体为黑体,下沉 3 行。

任务 6 分栏

将段落"第二代计算机……大大提高了计算机的工作效率"平分为两栏,间距 4 字符,并加分隔线。

任务 7 格式化表格

格式化表格,根据窗口调整表格大小,外边框为 2.25 磅的双实线,内边框为 1 磅的虚线。除表头外,单元格上下左右居中对齐。整个表格无文字环绕,并居中对齐,绘制斜线表头,并设置表头格式。表格第 1 行加 10% 灰度底纹,字符加粗。

任务 8 图形

按文档模板,绘制图形。

模块 3　Excel 2010 基本操作

本模块的基本操作包括工作表编辑、格式设置、公式与函数以及数据表的应用。

项目 1　工作表编辑

本项目的主要内容包括工作表重命名、数据输入、数据填充、数据有效性以及转置。

 项目内容

在"3-Excel"文件夹中,打开"表格编辑"工作簿,完成以下操作。

任务 1　工作名重命名

选择"Sheet1"工作表,将工作表标签"Sheet1"重命名为"工资表"。

任务 2　数据输入

在"数据输入"工作表中,按模板输入工作表数据。

任务 3　数据填充

选择"数据填充"工作表,完成数据填充操作:

(1) 在 B2:B11 单元格区域填入"神舟 001 号"~"神舟 010"编号。

(2) 在 C2:C11 填入 1~10 连续的自然数。

(3) 在 D2:D11 填入"1、2、4、8、16…"初值为 1、公比为 2 的等比数列。

(4) 在 E2:E11 填入"一月"~"十二月"。

任务 4　有效性

选择"有效性"工作表,设置 E2:E10 单元数据的有效性,允许整数介于 450~600 之间,提示"输入信息":标题为"有效总分";输入信息为"输入整数介于 450~600 之间整数"。提示"出错警告":标题为"输入有误";错误信息为"超出有效数值 450~600 整数范围"。

任务 5　转置

选择"转置"工作表,复制 A1:B5 单元区域数据,然后转置粘贴到以 D1 开始的单元格区域。

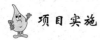 项目实施

任务1 工作表重命名

选择"Sheet1"工作表,将工作表标签"Sheet1"重命名为"工资表"。

操作步骤:

选择工作表"Sheet1"标签,右击,在快捷菜单中选择"重命名",在标签文本框中,输入"工资表"。

任务2 数据输入

选择"数据输入"工作表,按模板输入工作表数据。

操作步骤:

(1)纯数据型文本数据输入。"工号"是纯数字组成的文本型数据,有以下两种输入方法。

方法一:先输入一个英文状态下的单引号作为引导符,再输入对应的数字,单引号引导符相当于数字转化为字符的功能。

方法二:先设置输入区域的数据类型为"文本",再输入数据。

设置单元区为文本类型的方法:选中输入数据的单元区域,单击"开始"选项卡→"数字"组→"数字"按钮,弹出"设置单元格格式"对话框,自动定位于"数字"选项卡,在"分类"列表框中选择"文本",如图 3-1 所示,单击"确定"按钮。

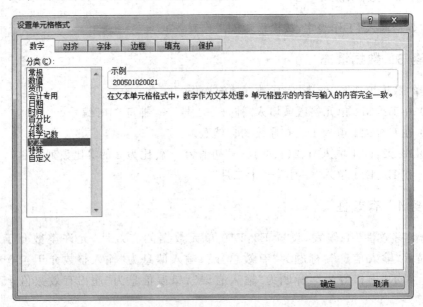

图 3-1 设置单元格数字分类为文本

(2)文本数据输入。"姓名"是文本型字符,直接输入。

(3)逻辑数据输入。"党员否"是逻辑型字符,逻辑型数据只有 TRUE 和 FALSE 两个值,直接输入,输入时不区分大小写,计算机自动转换为大写。

(4)日期/日间类型输入。"出生日期"是日期型数据,对日期型数据一般按照"年-月-

日"顺序输入,中间分隔符可为"/"或"-"号(日期型数据中间分隔符"/"或"-"号,由操作系统决定)。

(5)数值型输入。"工资"为数值型,直接输入。

任务3 数据填充

选择"数据填充"工作表,完成数据填充操作:

(1)在 B2:B11 单元格区域填入"神舟 001 号"～"神舟 010"编号。

(2)在 C2:C11 填入 1～10 连续的自然数。

(3)在 D2:D11 填入"1、2、4、8、16…"初值为 1、公比为 2 的等比数列。

(4)在 E2:E11 填入"一月"～"十二月"。

操作步骤:

(1)文本数据混合填充。选择"B2"单元格,按住"填充柄"往下拖动,在拖动过程中,鼠标右下角显示增加序号,达到"神舟 010"为止(对最后一组数递增 1),如图 3-2 所示。

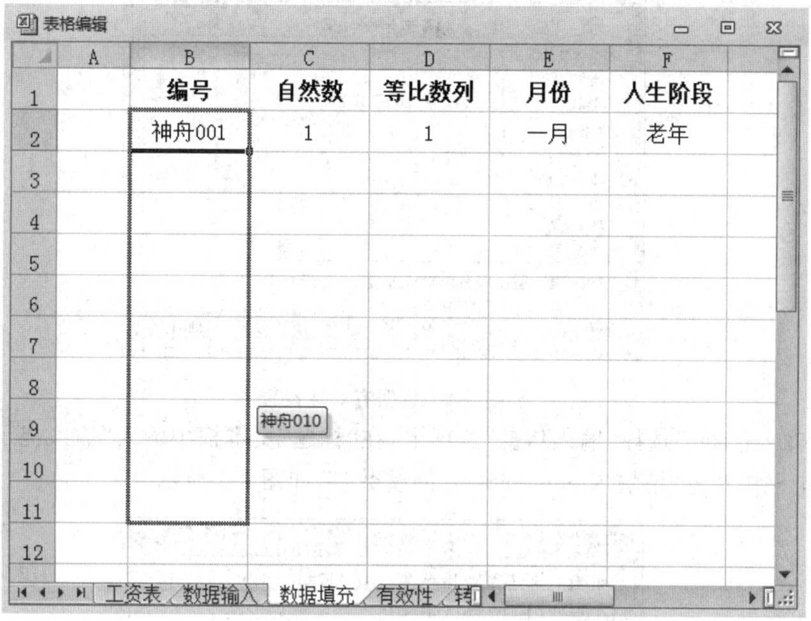

图 3-2 填充序列

(2)等差填充。在 C2 中输入 1;C3 中输入 2,选中 C2:C3,按住"填充柄",往下拖动,达到"10"为止(以两个单元格的差值进行等差填充)。

(3)等比填充。选择 D2:D11,单击"开始"选项卡→"编辑"组→"填充"下拉按钮,在列表框中,选择"系列",弹出"序列"对话框,选中"列"单选按钮,选中"等比序列"单选按钮,在"步长值"文本框中输入"2",如图 3-3 所示,单击"确定"按钮。

(4)预定义序列填充。"一月"～"十二月"是

图 3-3 等比填充

Excel 预定义的序列,选中"一月"所在单元格,按住填充柄,往下拖动,达到"十二月"为止。

任务 4 数据有效性

选择"有效性"工作表,设置 E2:E10 单元数据的有效性,允许整数介于 450~600 之间,提示"输入信息":标题为"有效总分";输入信息为"输入整数介于 450~600 之间整数"。提示"出错警告":标题为"输入有误";错误信息为"超出有效数值 450~600 整数范围"。

操作步骤:

(1)设置有效性条件。选中 E2:E12 单元格区域,单击"数据"选项卡→"数据工具"组→"数据有效性"下拉按钮。在列表框中,选择"数据有效性",弹出"数据有效性"对话框,自动定位于"设置"选项卡,在"允许"列表框中选择"整数",在"数据"列表框中选择"介于",在"最小值"文本框中输入"450",在"最大值"文本框中输入"600",如图 3-4 所示。

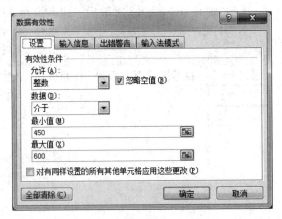

图 3-4 数据有效性设置

(2)输入信息。选择"输入信息"选项卡,在"标题"文本框中输入"输入提示:",在"输入信息"文本框中输入"请输入 450~600 之间整数!",如图 3-5 所示。

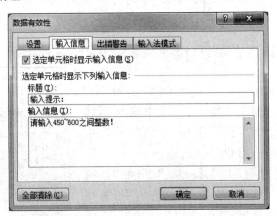

图 3-5 提示信息

(3)出错警告。选择"出错警告"选项卡,在"标题"文本框中输入"出错提示:",在"错误信息"文本框中输入"数据超出范围!",如图 3-6 所示,单击"确定"按钮。

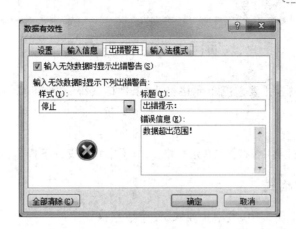

图 3-6 出错警告

（4）验证数据。在"总分"列中，选中 E7，查看提示信息，输入"400"，弹出"出错提示："对话框，如图 3-7 所示，单击"取消"按钮，重新输入"500"。

提示： 数据的有效性是对输入数据是否正确的一种审核，但对已输入的数据不审核。一般有规律的数据，应在输入数据前建立数据的有效性，确保输入数据的正确。

图 3-7 出错提示

任务 5 转置

选择"转置"工作表，复制 A1:B5 单元区域数据，然后转置粘贴到以 D1 开始的单元格区域。

操作步骤：

选定 A1:B5 单元区域，单击"开始"选项卡→"剪贴板"组→"复制"；选中 D1 单元格，单击"开始"选项卡→"剪贴板"组→"粘贴"下拉按钮，选择"转置"复选框。

或者选择"选择性粘贴"，弹出"选择性粘贴"对话框，选中"转置"复选框，如图 3-8 所示，单击"确定"按钮。

图 3-8 转置设置

项目 2　工作表格式

工作表格式的内容主要包括单元格格式、条件格式等。

项目内容

在"3-Excel"文件夹中,打开"单元格格式"工作簿,完成以下操作。

任务 1　数字格式

在"数字格式"工作表中,按格式要求,设置数字格式。

任务 2　单元格式

选择"单元格式"工作表,设置 B1:G1 单元区域合并居中,垂直居中,字符为黑体、20号,填充图案为"细 逆对角线 条纹",颜色为红色。A4:A13 合并居中,垂直居中,文字竖排。B3:G13 水平居中,垂直居中;内边框为黑色单线,外边框为红色双线。

任务 3　条件格式

选择"条件格式"工作表,在 B4:F13 单元区域中,设置工资低于 1 000 元,加红色边框,大于或等于 3 000 元,显示红色,其余数据格式不变。

任务 4　清除格式

选择"清除格式"工作表,清除 B3:G13 单元格式。

项目实施

任务 1　数字格式

选择"数字格式"工作表,按格式要求,设置数字格式。

操作步骤:

选择"数字格式"工作表,选择 A3:A6 区域,单击"开始"选项卡→"数字"组→"数字"按钮,弹出"设置单元格格式"对话框,显示"数字"选项卡,在"分类"列表框中选择"数值",在"小数位数"文本框中输入或者调节为"2",如图 3-9 所示,单击"确定"按钮。同理,设置其他数字格式。效果如图 3-10 所示。

任务 2　单元格式

选择"单元格式"工作表,设置 B1:G1 单元区域合并居中,垂直居中,字符为黑体、20号,填充图案为"细 逆对角线 条纹",颜色为红色。A4:A13 合并居中,垂直居中,文字竖排。B3:G13 水平居中,垂直居中;内边框为黑色单线,外边框为红色双线。

操作步骤:

(1) 对齐方式。选定 B1:G1 单元区域,单击"开始"选项卡→"对齐方式"组→"合并后

图 3-9　"设置单元格格式"对话框

分类	数值	货币	科学记数	百分比	特殊	日期
格式要求	2位小数	负数红色带括号	2位小数	2位小数	中文小写	yyyy年m月d日
实例	1323.95	（¥815.82）	8.16E+02	172851.70%	一十二.三四	1986年3月7日
	1246.87	¥1,677.51	1.68E+03	104044.00%	一二十三.四五	1987年10月24日
	-236.46	（¥456.23）	-4.54E+01	-4500.00%	五十六.九八	1986年5月2日
	1236.50	¥45.36	4.56E+02	4523.60%	五百四十八.五二	1986年8月9日

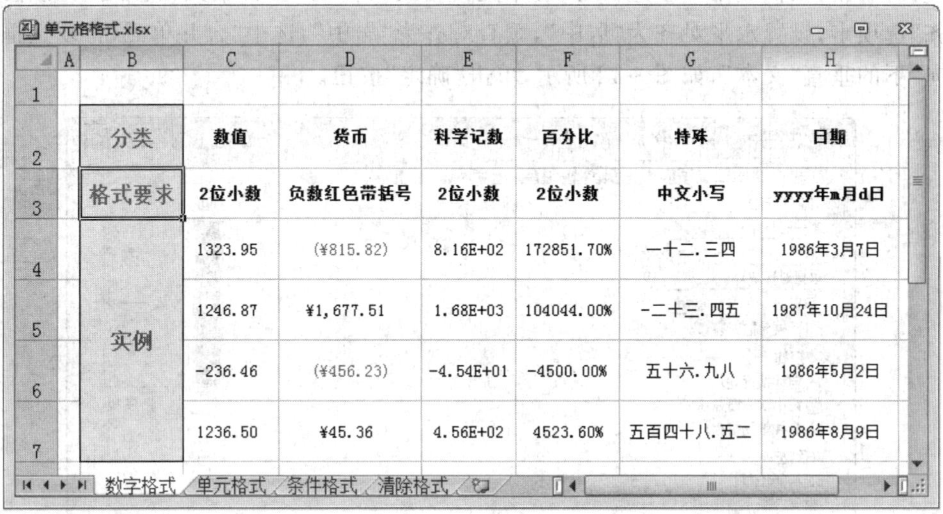

图 3-10　格式效果

居中",再单击"对齐方式"组→"垂直居中"。

　　（2）设置字体。在"开始"选项卡→"字体"组中,设置字体为黑体、20 号。

　　（3）填充图案。在单元区域右击,在快捷菜单中选择"设置单元格格式",弹出"设置单元格格式"对话框,选择图案样式为"细 逆对角线 条纹",图案颜色为"红色",如图 3-11 所示。单击"确定"按钮。

　　提示:图案颜色与背景颜色的区别为前者只是图案本身的颜色,后者是整个单元格填充背景颜色。

　　（4）文本方向。选择 A4:A13 单元区域,单击"开始"选项卡→"对齐方式"→"合并居中",再单击"垂直居中",再单击"方向"下拉按钮;在列表框中选择"竖排文字"。

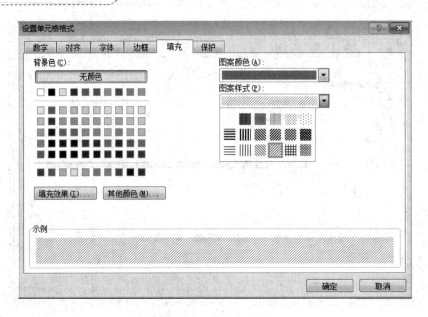

图 3-11 设置填充图案

或者右击,在快捷菜单中选择"设置单元格格式",弹出"设置单元格格式"对话框,选择"对齐"选项卡,设置水平对齐为"居中",垂直对齐为"居中",选中"合并单元格"复选框,单击"方向"下的垂直"文本",如图 3-12 所示,单击"确定"按钮。

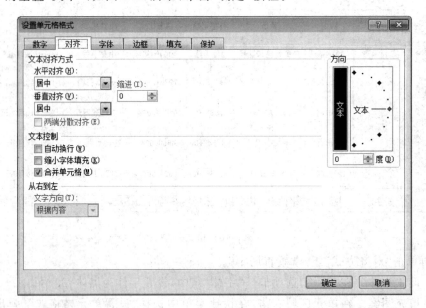

图 3-12 设置对齐方式

(5)边框。选择 B3:G13 区域,右击,在快捷菜单中选择"设置单元格格式",弹出"设置单元格格式"对话框,选择"对齐"选项卡,设置水平居中,垂直居中。

设置内边框:选择"边框"选项卡,选择"单实线"、"自动",单击"内部",如图 3-14 所示。

设置外边框:同理,选择"双实线"、"红色",单击"外边框",如图 3-14 所示,单击"确定"按钮。

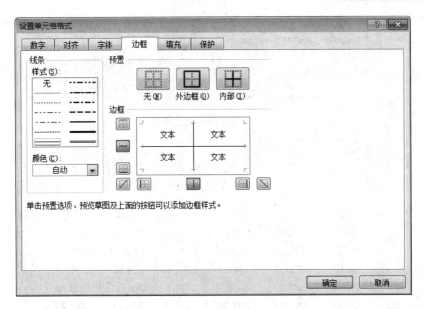

图 3-13　设置内边框

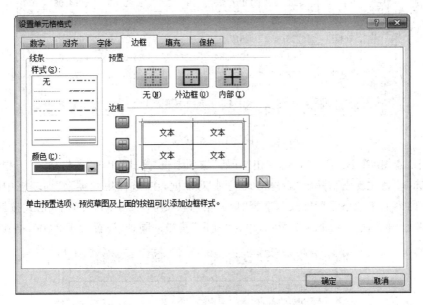

图 3-14　设置外边框

任务3　条件格式

选择"条件格式"工作表,在B4:F13单元区域中,设置工资低于1 000元,加红色边框,大于或等于3 000元,显示红色,其余数据格式不变。

操作步骤:

方法一:选定在B4:F13区域,单击"开始"选项卡→"样式"组→"条件格式"下拉按钮,在列表框中,选择"突出显示单元格规则"→"小于",弹出"小于"对话框,在文本框中输入"1 000",单击"设置为"下拉按钮,在列表框中,选择"红色边框",如图3-15所示,同理,设置大于3 000,格式为"红色"。效果如图3-16所示。

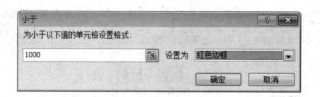

图 3-15　设置格式条件

	A	B	C	D	E	F
			职工工资表			
3	姓名	一月	二月	三月	五月	六月
4	赵勇	393.59	1232.94	815.82	1728.51	1670.78
5	李奇奇	2953.11	1246.87	1677.51	1040.44	1227.31
6	杨君	3601.05	2725.4	1770.44	714.62	2976.08
7	黄文东	2365.23	2472.24	1236.5	2236.41	1718.84
8	王天宝	569.63	2615.65	563.23	533.49	2618.83
9	刘华	698.65	412.45	963.5	2183.57	2264.06
10	巩莉芳	2365.45	3602.65	2365.78	3427.61	1988.22
11	刘佳	8123.65	2817.98	1236.5	1327.5	1687.97
12	李明	4153.24	1085.54	2369.5	2415.41	1225.62
13	李陆明	896.5	1782.23	456.6	5270.74	1576.26

数字格式　单元格式　条件格式　清除格

图 3-16　格式效果

　　方法二：选定在 B4:F13 区域，单击"开始"选项卡→"样式"组→"条件格式"下拉按钮，在列表框中，选择"新建规则"，弹出"新建格式规则"对话框，在"选择规则类型"列表框中选择"只为包含以下内容的单元格设置格式"，选择"单元格值"、"小于"、"1 000"；单击"格式按钮"，设置单元格格式为红色边框，如图 3-17 所示，单击"确定"按钮。同理，设置大于 3 000，格式为"红色"。

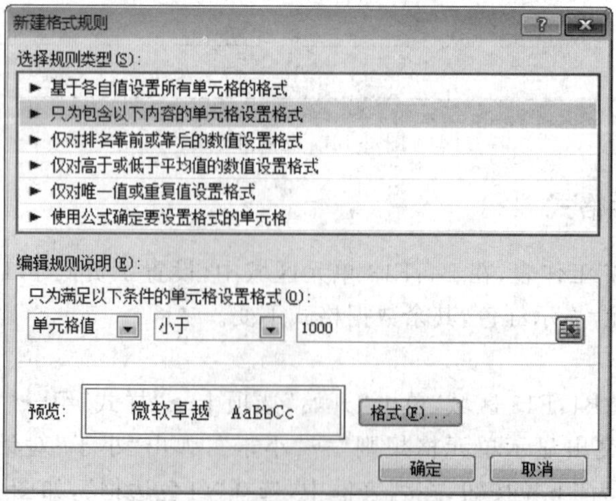

图 3-17　"新建格式规则"对话框

任务4 清除格式

选择"清除格式"工作表,清除 B3:G13 单元格式。

操作步骤:

选择 B3:G13 单元区域,单击"开始"选项卡→"编辑"组→"清除"下拉按钮,在列表框中,选择"清除格式",效果如图 3-18 所示。

提示:清除格式清除的只是用户在"样式"基础上修改后的格式,恢复到"常规"样式所设置的格式。

	A	B	C	D	E	F	G
					职工工资表		
1							
2							
3			一月	二月	三月	四月	五月
4		赵勇	393.59	1232.94	815.82	1728.51	1670.78
5		李奇奇	2953.11	1246.87	1677.51	1040.44	1227.31
6		杨君	3601.05	2725.4	1770.44	714.62	2976.08
7		黄文东	2365.23	2472.24	1236.5	2236.41	1718.84
8	姓	王天宝	569.63	2615.65	563.23	533.49	2618.83
9	名	刘华	698.65	412.45	963.5	2183.57	2264.06
10		巩莉芳	2365.45	3602.65	2365.78	3427.61	1988.22
11		刘佳	8123.65	2817.98	1236.5	1327.5	1687.97
12		李明	4153.24	1085.54	2369.5	2415.41	1225.62
13		李陆明	896.5	1782.23	456.6	5270.74	1576.26

单元格式 / 条件格式 / 清除格式

图 3-18 清除格式后的效果

项目3 公 式

单元格公式是以"="开始,后接表达式的式子,公式输入确认后,自动计算,计算结果显示在公式所在单元格。

 项目内容

在"3-Excel"文件夹中,打开"公式与函数"工作簿,完成下列操作。

任务1 相对引用

选择"公式"工作表,完成如下操作。

(1) 计算总评,总评=平时 * 30%+期末 * 70%。

(2) 计算及格否,总评大小等于 60 为及格,用"TRUE"表示,否则为不及格,用"FLASE"表示。

(3) 设置总评单元格为数字型,保留 0 位小数,查看单元格数字变化,写出结论。

任务2 绝对引用

选择"公式"工作表,计算偏差,偏差=期末-期望值。

任务 3 混合引用

选择"乘法表"工作表,制作九九乘法表。

项目实施

任务 1 相对引用

选择"公式"工作表,完成如下操作。

(1) 计算总评,总评＝平时＊30%＋期末＊70%。

(2) 计算及格否,总评大小等于 60 为及格,用"TRUE"表示,否则为不及格,用"FLASE"表示。

(3) 设置总评单元格为数字型,保留 0 位小数,查看单元格数字变化,写出结论。

操作步骤:

(1) 计算总评。选择 D3 单元格,输入英语状态下的"="号,用鼠标选择 B3 单元格获取 B3 单元格地址,接着输入星号"＊"、数字"30"、百分号"%"、加号"+",同理输入"C3＊70%",按"Enter"键或者单击编辑栏中的确认"√"按钮。

填充公式。鼠标按住填充柄,往下拖,填充 D4:D9 区域公式,如图 3-19 所示。

	A	B	C	D	E	F	G
				fx	=B3*30%+C3*70%		
1							
2	姓名	平时	期末	总评	及格否	偏差	
3	张大伟	80	75	76.5			
4	李小洁	61	59	59.6			
5	邓伟远	86	90	88.8			
6	李志文	86	65	71.3			
7	黄碧兰	86	90	88.8			
8	钟锦莹	95	92	92.9			
9	周华	65	50	54.5			
10							
11		期望值	80				

平均值:76.05714286　　计数:7　　求和:532.4　　100%

图 3-19　计算总评

操作技巧:

公式所在单元格显示公式计算的结果,双击,可进入公式编辑状态,对公式进行修改;编辑栏中也显示公式,可直接修改公式。

在单元格公式输入中,对于公式中的单元格地址或单元区域地址,初学者最好使用鼠标选择单元格或单元区域而获取,尽量不要直接输入。

单元格地址相当于数学函数中的变量,其值等于单元格中的数字,单元区域相当于数组,每个单元格就是数组的一个元素,单元格值就是这个元素的值,使用单元区域实际上使用这个区域中每个单元格。

（2）计算及格否。选择 E3 单元格,输入公式"＝D3＞＝60",其中"D3＞＝60"为关系表达式,当关系成立时,其值为"TRUE",否则为"FALSE"。填充 E4:E9 区域中的公式,如图 3-20 所示。

图 3-20　计算及格否

（3）格式设置。设置总评单元格为数字型,保留 0 位小数,如图 3-21 所示。

图 3-21　格式设置

设置格式后，数据进行了四舍五入取整，查看 D4 单元格成绩，显示的数据为“60”，但 E4 单元格显示为“FALSE”，这说明参与公式计算的单元格为真实数据，而不是格式化后显示的数据。

任务 2　绝对引用

在“公式”工作表中，计算偏差，偏差＝期末－期望值。

操作步骤：

计算偏差：选择 F3 单元格，输入“＝”号，用鼠标获取“C3”，输入“－”号，再用鼠标获取“C11”，按下功能键“F4”，使“C11”单元格相对地址变为绝对地址“＄C＄11”(因为在公式的填充过程中，“C11”单元格地址保持不变)。填充 F4:F9 区域中的公式，如图 3-22 所示。

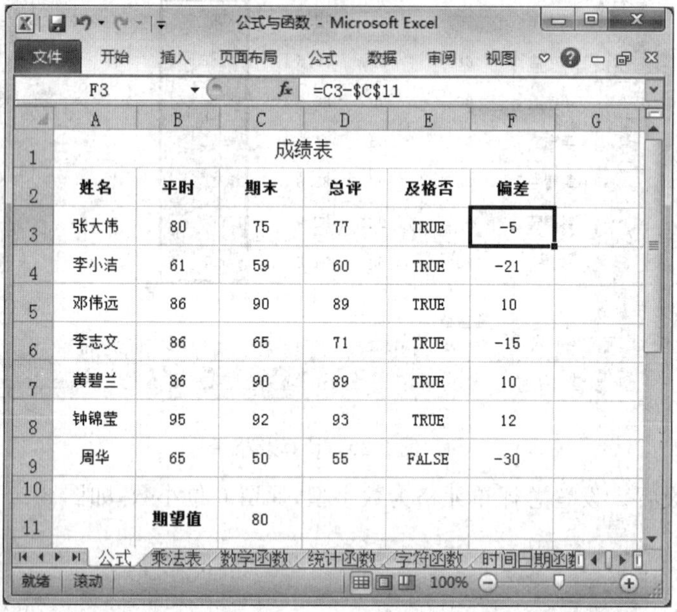

	A	B	C	D	E	F	G
1	成绩表						
2	姓名	平时	期末	总评	及格否	偏差	
3	张大伟	80	75	77	TRUE	-5	
4	李小洁	61	59	60	TRUE	-21	
5	邓伟远	86	90	89	TRUE	10	
6	李志文	86	65	71	TRUE	-15	
7	黄碧兰	86	90	89	TRUE	10	
8	钟锦莹	95	92	93	TRUE	12	
9	周华	65	50	55	FALSE	-30	
10							
11		期望值	80				

图 3-22　“偏差”公式的输入

提示：绝对引用主要运用在对公式进行同行或同列的填充中，在对公式进行同行或同列的填充时，如果引用同一个不变的单元格或单元格区域，此单元格或单元格区域采用绝对地址。

任务 3　混合引用

在“乘法表”工作表中，制作九九乘法表。

操作步骤：

(1) 分析。设公式所在单元格地址为 X　Y(X 列 Y 行)，则公式为：

A　　　　Y　　　　＊　　　　X　　　　1

第 A 列(绝对)　　与公式同行(相对)　　与公式同列(相对)　　第 1 行(绝对)

(2) 输入公式。选择“乘法表”，选择 B2 单元格，输入“＝”，用鼠标获取“A2”单元格，按三次“F4”键，变为“＄A2”(列绝对，行相对)，输入“＊”，用鼠标获取“B1”，按两次“F4”键，变为"B\$1"(列相对,行绝对)。将 B2 单元公式先行后列(或先列后行)填充,完成"九九乘法表"公式的输入,如图 3-23 所示。

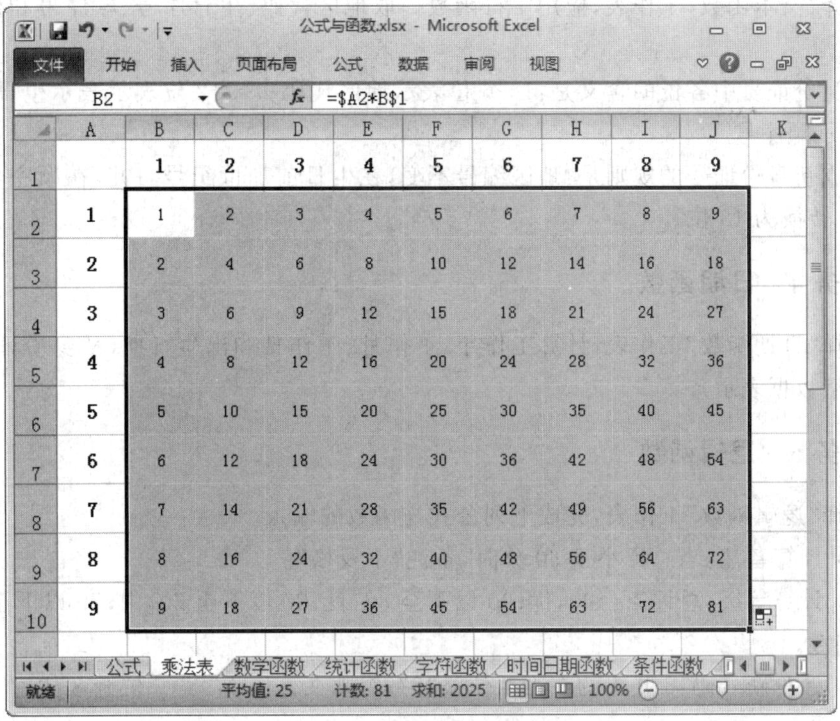

图 3-23 乘法表输入

项目4 函　　数

函数是公式的主要组成部分,在公式中使用函数,能够根据数据源,计算得到用户所需的数据,是分析数据的有力工具。

函数由函数名与函数参数组成,根据函数值的类型,函数可分为数学函数、文本函数、日期时间函数、统计函数等。

操作内容

在"3-Excel"文件夹中,打开"公式与函数"工作簿,完成以下操作。

任务 1　数学函数

选择"统计函数"工作表,计算最高分、最低分、平均分、计数、条件计数、总和和条件总和。

任务 2　统计函数

选择"统计函数"工作表,计算最高分、最低分、平均分、计数、条件计数。

任务3 文本函数

选择"文本函数"工作表,应用字符函数提取地区代码、生日序号、顺序号和生成新身份证号。

旧身份证号中各位的含义是:1~6位表示地区代码;7~12位表示表示生日序号;13~15位表示顺序号。

生成新身份证号的规则是:地区编号不变,在生日前加世纪号"19",在顺序号前加"0",由15位转换为18位。

任务4 日期函数

选择"日期函数"工作表,计算工作年、工作月、工作日和出生日期(从身份证号中提取,用日期型数据表示)。

任务5 逻辑函数

选择"逻辑函数"工作表,完成下列公式与函数的输入。

(1) 计算备注:当总评小于60分时,备注"不及格"。

(2) 计算等级:总评>=90,优;90以下至80,良;80以下至70,中;70以下至60,及;60以下,补考。

(3) 计算新号码:8开头的在第2位添"2",否则在首位添"8"(7位升8位)。

 项目实施

任务1 数学函数

选择"统计函数"工作表,计算最高分、最低分、平均分、计数、条件计数、总和和条件总和。
操作步骤:
数学函数效果如图3-24所示,求和函数的效果如图3-25所示。

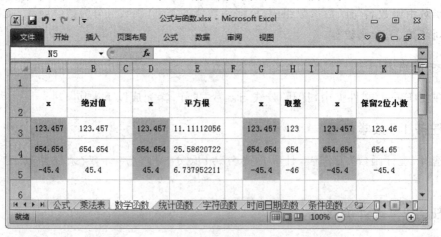

图3-24 数学函数设计效果

图 3-25 求和函数的效果

（1）绝对值函数：B3＝ABS(A3)。

选择 B3 单元格，单击"公式"选项卡→"函数库"组→"数字和三角函数"下拉按钮，选择
"ABS"，弹出"函数参数"对话框，选择参数文本框，用鼠标获取 A3 单元格地址（如果对话框
遮挡引用单元格，单击"Number"文本输入框右边的折叠按钮，折叠对话框），如图 3-26 所
示。单击"确定"按钮，B3 单元格中自动填充"＝ABS()"，向下填充 B4、B5 单元格公式。

图 3-26 输入函数参数

（2）平方根函数：E3＝SQRT(D3)。

平方根函数参数如图 3-27 所示。

图 3-27 平方根函数

（3）取整函数：H3＝INT(G3)。

取整函数的参数如图 3-28 所示。

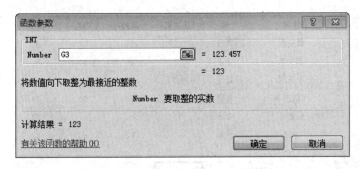

图 3-28 取整函数

（4）四舍五入函数：K3＝ROUND(J3,2)。说明：对 J3 单元格四舍五入保留 2 位小数。

四舍五入函数的参数如图 3-29 所示。

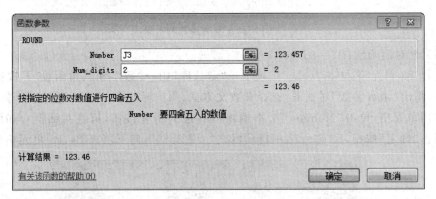

图 3-29 四舍五入函数

（5）求和函数：C17＝SUM(C3:C15)。

求和函数的参数如图 3-30 所示。

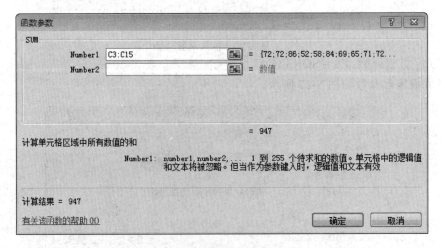

图 3-30 求和函数的输入

（6）条件求和函数（条件区与数据区重合）：P18＝SUMIF（P3：P15，"＜60"）。

条件求和函数参数如图 3-31 所示。

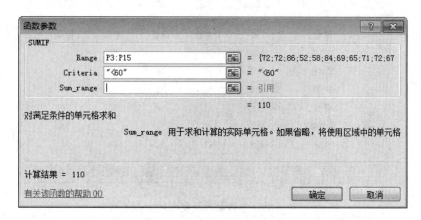

图 3-31　条件区与函数区重合

提示：

① 当条件区与数据区重合时，第 3 个参数"求和数据区"可以省略。

② 求和条件是以关系运算符开始的关系表达式，关系运算符包括＜、＜＝、＞、＞＝、
＝、＜＞，关系表达式后面接常量或单元地址，其中"＝"可以省略，整个条件表达式
自动添加一对双引号括起来，用户不必手工输入。

③ 条件求和运算规则是：对区域中每个单元格值与条件比较，成立则累加，不成立则
跳过。

（7）条件求和函数（条件区与数据区分离）：P19＝SUMIF（O3：O15，"管理"，P3：P15）。

条件求和函数输入如图 3-32 所示。

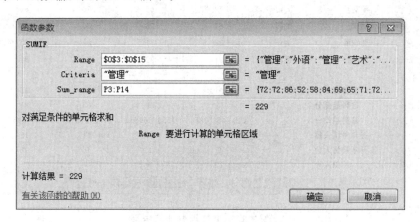

图 3-32　条件区与数据区分离

提示：

① 如果条件区与求和区分离，条件求和只对条件成立所对应的数据区进行统计求和，
如图 3-33 所示，图中阴影部分表示条件成立所对应的数据，只对这些数据求和。

② 当公式复制时，条件区域是不变的，所以条件区域为绝对引用。

公式与函数.xlsx

	N	O	P	Q	R	S
1						
2	姓名	系	计算机	高数	邓论	英语
3	黄三磊	管理	72	61	68	61
4	李文艺	外语	72	65	80	81
5	李元刚	管理	86	78		75
11	伍杰	管理	71	76	73	76
12	杨丽婷	会计	72			78
15	赵姗	艺术	91	92	80	82

公式 / 乘法表 / 数学函数 / 统计函数 / 字符函数 / 时间日期函数

图 3-33　条件区与数据区的对应关系

任务 2　统计函数

选择“统计函数”工作表，计算最高分、最低分、平均分、计数、条件计数。

操作步骤：

统计函数效果如图 3-34 所示。

公式与函数.xlsx

	A	B	C	D	E	F
1						
2	姓名	系	计算机	高数	邓论	英语
3	黄三磊	管理	72	61	68	61
4	李文艺	外语	72	65	80	81
13	杨阳	外语	67	86	84	81
14	张华军	会计	88	71	82	83
15	赵姗	艺术	91	92	80	82
16						
17	各科最高分		91	92	85	85
18	各科最低分		52	58	65	61
19	各科平均分		72.84615385	75.36363636	77.27272727	77.75
20	各科考试人数		13	11	11	12
21	各科不及格人数		2	1	0	0
22	总人数		13			

公式 / 乘法表 / 数学函数 / 统计函数 / 字符函数 / 时间日期函数 / 条件函数

图 3-34　统计函数计算结果

（1）最大值函数：C17＝MAX(C3：C15)，求指定区域的最大值。

选择 C17，单击“公式”选项卡→“函数库”→“其他函数”下拉按钮，在列表框中选择“统计”→“MAX”，弹出“函数参数”对话框，鼠标获取 Number1 参数，如图 3-15 所示，单击“确定”按钮。

（2）最小值函数：C18＝MIN(C3：C15)，求指定区域的最小值。

最小值函数参数如图 3-36 所示。

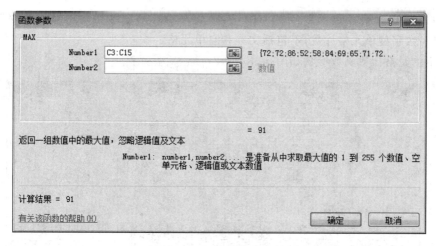

图 3-35　最大值函数参数

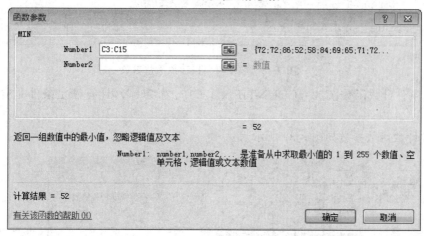

图 3-36　最小值函数参数

（3）平均值函数：C19＝AVERAGE(C3:C15)，求指定区域数值的平均值。
平均值函数参数如图 3-37 所示。

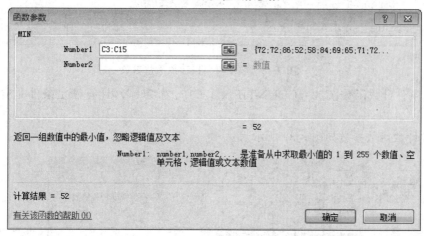

图 3-37　平均值函数参数

（4）数字单元格计数函数：C20＝COUNT（A3：A15），统计给定区域中数字单元格个数，且只对数字型单元格计数，不包括文本和空单元格。

数字单元格计数函数参数如图3-38所示。

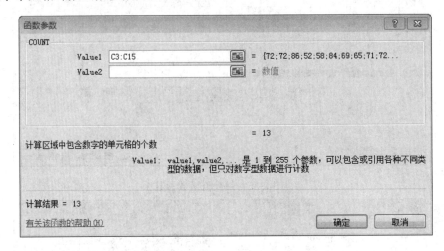

图3-38　数字单元格计数函数参数

（5）条件计数函数：C22＝COUNTIF（C3：C15，"＜60"），计算满足条件非空单元格的个数。

条件计数函数参数如图3-39所示。

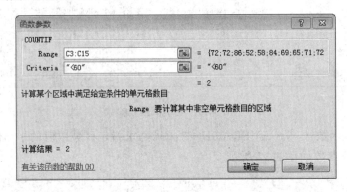

图3-39　条件计数函数的输入

提示：

① 计数条件是以关系运算符开始的关系表达式，关系运算符包括＜、＜＝、＞、＞＝、＝、＜＞，关系表达式后面接常量或单元地址，其中"＝"可以省略，整个条件表达式自动添加一对双引号括起来，用户不必手工输入。

② 条件计数运算规则是：对区域中各单元格值与条件比较，成立则加1，不成立则跳过。

（6）非空单元格计数函数：C23＝COUNTA（C3：C15），计算非空单元格个数。

非空单元格计数函数的参数如图3-40所示。

任务3　文本函数

选择"文本函数"工作表，提取地区代码、生日序号、顺序号和生成新身份证号。

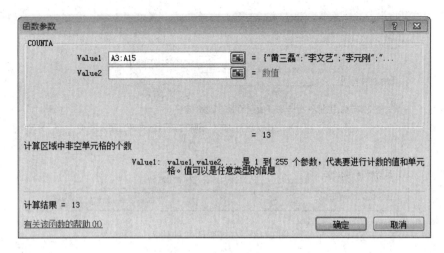

图 3-40 非空单元格计数函数的输入

旧身份证号中的含义：1～6 位表示地区代码；7～12 位表示表示生日序号；13～15 位表示顺序号。

生成新身份证号的规则：地区编号不变，在生日前加世纪号"19"，在顺序号前加"0"，由 15 位转换为 18 位。

操作步骤

文本函数的效果如图 3-41 所示。

	A	B	C	D	E	F	G
1							
2		旧身份证号	地区代码	生日序号	顺序号	新身份证号	
3		421205830102002	421205	830102	002	421205198301020002	
4		430210840506003	430210	840506	003	430210198405060003	
5		440101860925001	440101	860925	001	440101198609250001	
6		421205830702003	421205	830702	003	421205198307020003	
7		430208840806003	430208	840806	003	430208198408060003	

公式 乘法表 数学函数 统计函数 字符函数 时间日期函数 条件函数

图 3-41 文本函数效果

（1）左提取函数：C3＝LEFT(B3,6)，从开头向右提取 6 个字符。

选择 C3 单元格，单击"公式"选项卡→"函数库"→"文本"下拉按钮，在列表框中，选择 "LEFT"，弹出"函数参数"对话框，获取参数"Text"地址"B3"，参数"Num_chars"文本框中输入"6"，如图 3-42 所示，单击"确定"按钮。

（2）中间提取函数：D3＝MID(A2,7,6)，从第 7 个字符开始，提取 6 个字符。

中间提取函数的参数如图 3-43 所示。

（3）右提取函数：E3＝RIGHT(A2,3)，从结尾向左提取 3 个字符。

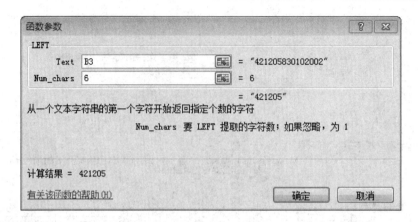

图 3-42　左提取函数的输入

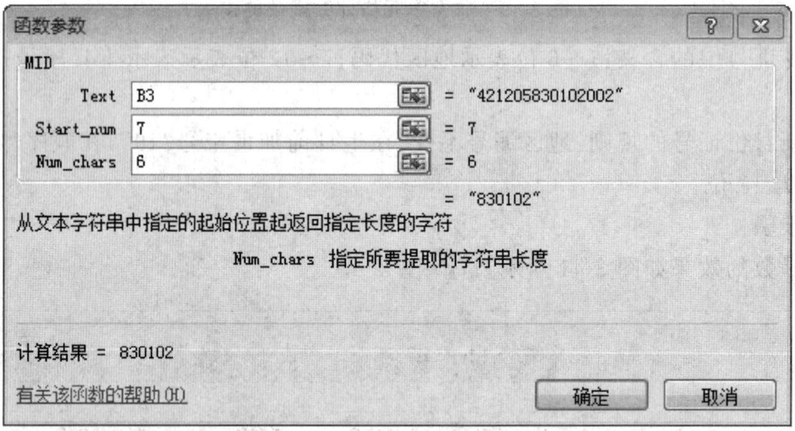

图 3-43　中间提取函数的输入

右提取函数参数如图 3-44 所示。

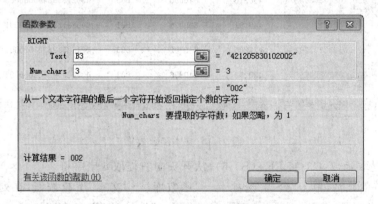

图 3-44　右提取函数的输入

（4）字符合成：F2＝B2 & "19" & C2 & "0" & D2，字符合成。

字符串合成公式输入如图 3-45 所示。连接运算符"&"前后最好添加空格，便于识别；字符常量必须加双引号。

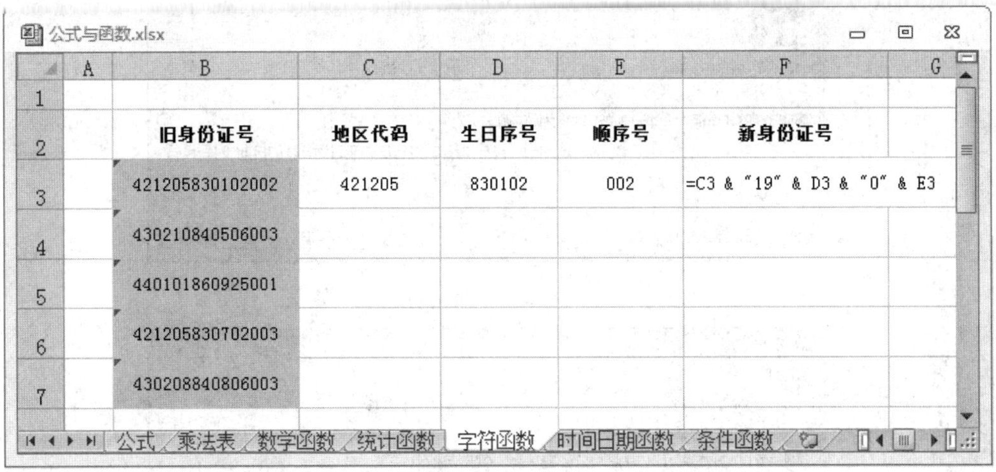

公式与函数.xlsx

	A	B	C	D	E	F
1						
2		旧身份证号	地区代码	生日序号	顺序号	新身份证号
3		421205830102002	421205	830102	002	=C3 & "19" & D3 & "0" & E3
4		430210840506003				
5		440101860925001				
6		421205830702003				
7		430208840806003				

图 3-45　字符连接

任务 4　日期函数

选择“日期函数”工作表，计算工作年、工作月、工作日和出生日期(出生日期采用样式1983-5-25)。

操作步骤：

日期函数的效果如图 3-46 所示。

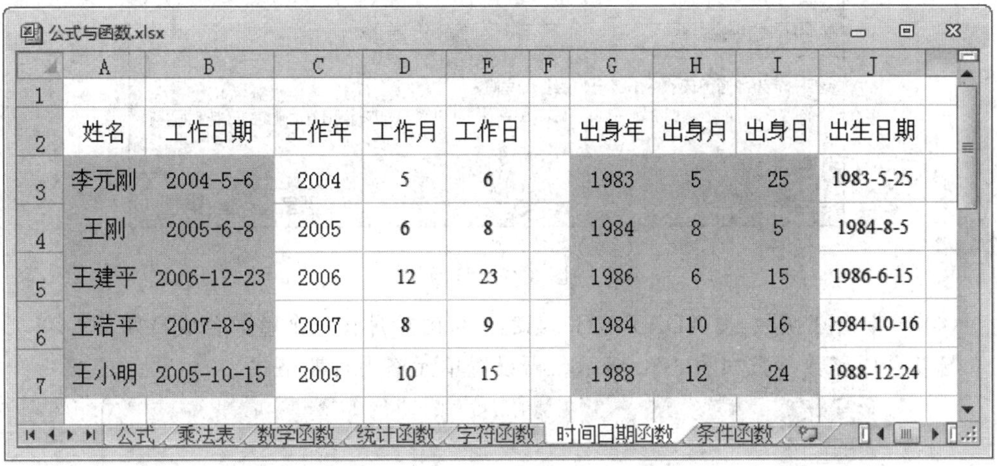

公式与函数.xlsx

	A	B	C	D	E	F	G	H	I	J
1										
2	姓名	工作日期	工作年	工作月	工作日		出身年	出身月	出身日	出生日期
3	李元刚	2004-5-6	2004	5	6		1983	5	25	1983-5-25
4	王刚	2005-6-8	2005	6	8		1984	8	5	1984-8-5
5	王建平	2006-12-23	2006	12	23		1986	6	15	1986-6-15
6	王洁平	2007-8-9	2007	8	9		1984	10	16	1984-10-16
7	王小明	2005-10-15	2005	10	15		1988	12	24	1988-12-24

图 3-46　“日期和时间”函数列表

(1) 年函数：C3＝YEAR(B3)，从日期中提取年。

选择 C3 单元格，单击“公式”选项卡→“函数库”→“文本”下拉按钮，在列表框中选择“YEAR”，弹出“函数参数”输入对话框，在参数“Serial_number”文本框中，获取“B3”单元地址，如图 3-47 所示，单击“确定”按钮。

(2) 月函数：D3＝MONTH(B3)，从日期中提取月。

月函数参数如图 3-48 所示。

图 3-47　年函数

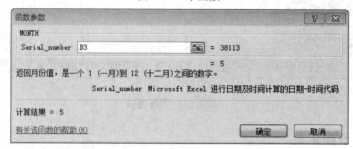

图 3-48　月函数

（3）日函数：E3＝DAY(B3)，从日期中提取日。

日函数参数如图 3-49 所示。

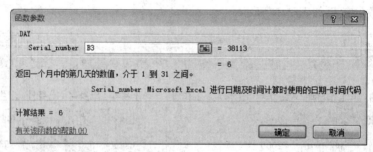

图 3-49　日函数

（4）日期合成函数：J3＝DATE(G3,H3,I3)，由年月日三个整数合成日期。

日期合成函数参数如图 3-50 所示。再设置单元格为日期格式。

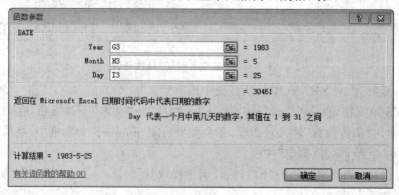

图 3-50　日期合成函数

任务5 逻辑函数

选择"逻辑函数"工作表,完成下列公式与函数的输入。

(1) 计算备注:当成绩小于60分时,备注"不及格"。

(2) 计算等级:成绩≥90,优;90以下至80,良;80以下至70,中;70以下至60,及;60以下,补考。

操作步骤:

逻辑函数的效果如图3-51所示。

	姓名	成绩	备注	等级
	黄三磊	78		中
	李文艺	95		优
	李元刚	45	不及格	不及格
	王刚	85		良
	王建平	68		及格
	王洁平	75		中

图3-51 逻辑函数效果

(1) 计算备注。E3=IF(D3<60,"不及格",""),当条件成立时,E3单元格显示"不及格",当条件不成立时,显示为空,空值书写采用一对双引号("")表示。

函数输入:选择E3单元格,单击"公式"选项卡→"函数库"→"逻辑"下拉按钮,在列表框中,选择"IF",弹出"函数参数"对话框。

参数"Logical_test"为条件框,输入"C3<60"(条件表示:单元格引用 关系运算符 常量);

参数"Value_true"为条件成立时取值框,输入"不及格",系统自动添加双引号。

参数"Value_false"为条件不成立时取值框,输入空传值(用一对双引号表示),空值不能省略。函数参数如图3-52所示。

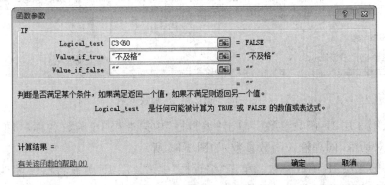

图3-52 IF函数参数

（2）计算等级，由于"等级"有 5 个级别，所以需要多级嵌套的 IF 函数，分数从高到低依次排列。

E3＝IF(C3＞＝90,"优",IF(C3＞＝80,"良",IF(C3＞＝70,"中",IF(C3＞＝60,"及格","不及格"))))

函数输入方法如下：

① 输入第 1 层 IF 函数参数。选择 E3 单元格，输入"＝IF()"，单击"公式"选项卡→"函数库"组→"插入函数"，弹出 IF 函数"函数参数"对话框。

选择 Logical_test 文本框，鼠标获取 J3 单元格地址；输入"＞＝90"。

选择 Value_if_true 文本框，输入"优"（双引号自动添加）。

选择 Value_if_false 文本框，输入"IF()"，如图 3-53 所示。

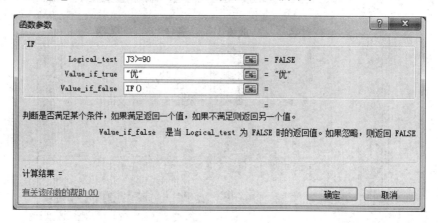

图 3-53　第 1 层 IF 函数参数

② 输入第 2 层 IF 函数参数。单击"编辑栏"中第 2 层 IF 函数名，切换到第 2 层 IF"函数参数"对话框，同理输入函数参数，如图 3-54 所示。

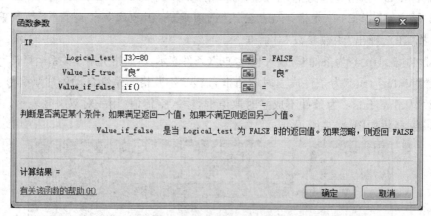

图 3-54　第 2 层 IF 函数参数

③ 输入第 3 层 IF 函数参数。单击"编辑栏"中第 3 层 IF 函数名称，切换到第 3 层 IF"函数参数"对话框，同理输入函数参数，如图 3-55 所示。

④ 输入第 4 层 IF 函数参数。单击"编辑栏"中第 4 层 IF 函数名称位置，切换到第 4 层 IF"函数参数"对话框，同理输入函数参数，如图 3-56 所示。

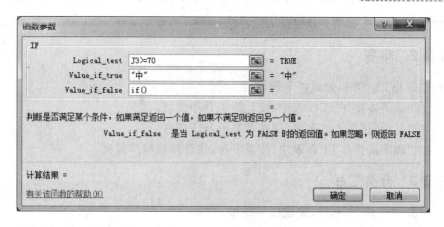

图 3-55　第 3 层 IF 函数参数

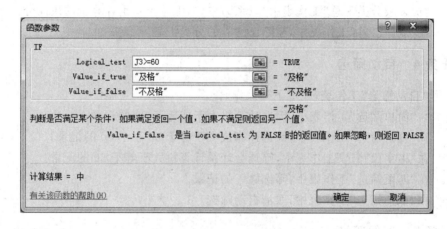

图 3-56　第 4 层 IF 函数参数

⑤ 确定公式。检查"编辑栏"中输入的公式,单击 IF 函数名,切换到该层 IF"函数参数"对话框,如果有错误,可直接修改,最后单击"确定"按钮。

项目5　数据库应用

数据库应用主要包括数据库函数、排序、分类汇总、自动筛选、筛选、数据透视表以及图表。

 项目内容

本项目操作文件夹为"3-Excel"。

任务 1　数据库函数

打开"数据库函数"工作簿,完成以下计算。

(1) 计算会计系成绩最低分。

(2) 计算会计系与管理系女生总人数。

(3) 计算会计系女生成绩平均分。

（4）计算管理系成绩不及格的人数。

任务 2　排序

打开"排序"工作簿，完成以下操作。

（1）在"单字段排序"工作表中，按计算机升序排列。

（2）在"笔画"排序工作表中，按姓名笔画升序排列。

（3）在"多字段排序"工作表中，按系升序，按计算机降序排列。

任务 3　分类汇总

打开"分类汇总"工作簿，完成以下操作。

（1）在"单级分类汇总"工作表中，以系为单位，汇总各课程的平均分（保留 1 位小数）。

（2）在"多级分类汇总"工作表中，以系为单位，汇总男女生计算机的最高分。

（3）在"删除汇总"工作表中，删除已建立的分类汇总。

任务 4　自动筛选

打开"自动筛选"工作表，完成下列操作。

（1）在"简单筛选"工作表中，筛选计算机大于或等于 80 的记录。

（2）在"复杂筛选"工作表中，筛选计算机大于等于 60 小于 80 的记录。

（3）在"多字段筛选"工作表中，筛选会计系计算机大于等于 80 的记录。

（4）在"匹配筛选"工作表中，筛选姓王的记录。

（5）在"取消筛选"工作表中，取消自动筛选。

任务 5　高级筛选

打开"高级筛选"工作簿，完成下列操作。要求：条件区分别建立在以 H2 为左上角的单元区域内，筛选结果复制到以 A46 为左上角的区域。

（1）在"与条件筛选"工作表中，筛选 1986 年下半年出生的记录。

（2）在"或条件筛选"工作表中，筛选计算机或英语不及格的记录。

（3）在"复杂条件筛选"工作表中，筛选管理系男生计算机成绩大于等于 80 或者所有女生计算机成绩大于等于 70 的记录。

（4）在"辅助条件筛选"工作表中，筛选管理系 1986 年出生的记录。

任务 6　数据透视

打开"数据透视"工作簿，完成下列操作

（1）选择"数据透视"工件表，创建数据透视表，行为"系"，列为"性别"，汇总数据项为"计算机"，汇总方式为"平均值"，存放在本表页中，设置汇总区域水平垂直居中，汇总数据保留 1 位小数。

（2）复制"数据透视"表，交换行、列字段。

任务7 图表

打开"图表"工作簿,完成以下操作。

(1) 在"簇状图"工作表中,利用字段"姓名""计算机",制作簇状柱形图。

要求:数据系列产生在列,图表标题为"学生成绩",分类轴标题为"姓名",数值轴标题为"成绩"。

(2) 复制"图表"工作表,完成下列操作。在图表中增加"英语""高数"系列,删除"计算机"系列。修改该图表标题文字为黑体,字号为16;纵坐标轴最小刻度为40;主要刻度单位为10。

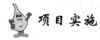 项目实施

任务1 数据库函数

打开"数据库函数"工作簿,完成以下计算。

(1) 会计系成绩最低分。

(2) 会计系与管理系女生总人数。

(3) 会计系女生成绩平均分。

(4) 管理系成绩不及格的人数。

操作步骤:

数据库函数效果如图 3-57 所示。

	A	B	C	D	E	F	G	H	I
1									
2		姓名	性别	系	成绩		1	会计系成绩最低分	69
3		黄三磊	女	艺术系	72				
4		李文艺	男	管理系	55				
5		李元刚	男	外语系	86		2	会计系和管理女生总人数	6
6		王刚	男	管理系	84				
7		王建平	男	艺术系	58				
8		王洁平	女	会计系	84				
9		王小明	男	会计系	69		3	会计系女生成绩平均分	80.6
10		王伊燕	女	管理系	65				
11		伍杰	男	会计系	71				
12		杨丽婷	女	会计系	72				
13		杨阳	女	外语系	67		4	管理系成绩不及格的人数	1
14		张华军	男	外语系	88				

图 3-57 数据库函数效果

(1) 计算会计系成绩最低分:I2 = DMIN(B2:E19,E2, K2:K3),计算数据库区域中,满足条件的成绩字段的最小值。

① 建立条件区。条件为"会计系",如图 3-58 所示。

② 选择 I2 单元格,单击"插入函数"按钮,在弹出的"插入

	K	L
2	系	
3	会计系	

图 3-58 条件区域

函数"对话框中,选择"数据库"类中的"DMIN"函数,单击"确定"按钮,弹出"函数参数"对话框。

在参数"Database"文本框中,获取数据库区域"B2:E19"。

在参数"Field"文本框中,获取计算数据列的字段名地址"E2"。

在参数"Criteria"中建立的条件区域为"E3:E19"。

输入各参数,如图 3-59 所示,单击"确定"按钮。

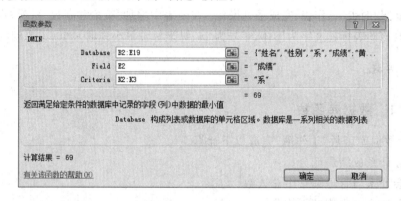

图 3-59 DMIN 函数的输入

提示:

① 参数"Field"表示获取计算字段的单元格地址,数据库函数中只能获取一个字段地址作为计算字段。

② 参数"Criteria"表示条件区域,条件区第一行为数据库表的相关字段,下面各项以关系运算符开始的表达式(等于号可以省略)。

③ 数据库函数的运算规则:在数据库中,从上到下,对每一条记录判断是否满足条件,如果满足条件,对计算字段数据进行各种运算。

(2) 计算会计系和管理系女生总人数:I5＝DCOUNTA(B2:E19,C2,K5:L7),计算数据库中,满足条件的性别字段非空单元格个数,字段也可以指定为姓名或系。

图 3-60 条件区域

条件设置如图 3-60 所示。公式输入如图 3-61 所示。

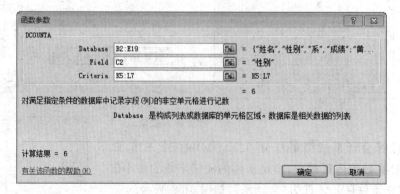

图 3-61 DCOUNTA 函数参数

（3）计算会计系女生成绩平均分：I9＝DAVERAGE（B2：E19，E2，K9：L10），计算数据库中，满足条件的成绩字段的平均值。

条件区域如图 3-62 所示，数据库平均值函数参数如图 3-63 所示。

（4）计算管理系不及格的人数：DI13＝DCOUNT（B2：E19，E2，K13：L14），计算数据库中，满足条件的成绩字段的个数。

条件区域如图 3-64 所示，数据库数字计数参数如图 3-65 所示。

	K	L
9	系	性别
10	会计	女

图 3-62 条件区域

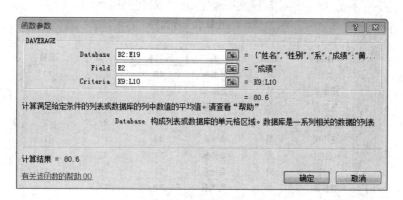

图 3-63 DAVERAGE 函数参数

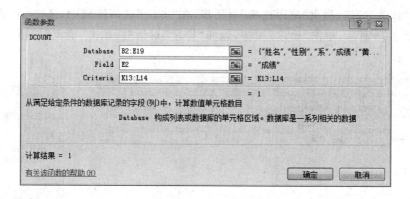

	K	L
13	系	成绩
14	管理系	<60

图 3-64 条件区域

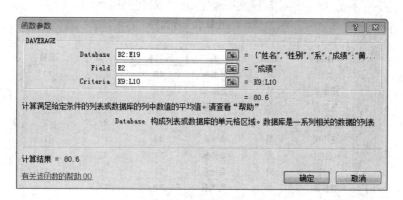

图 3-65 DCOUNT 函数的输入

任务2 排序

打开"排序"工作簿，完成以下操作。

（1）在"单字段排序"工作表中，按计算机升序排列。

（2）在"笔画"排序工作表中，按姓名笔画升序排列。

（3）在"多字段排序"工作表中，按系升序，字计算机降序排列。

操作步骤：

（1）单字段排序。选中"单字段排序"工作表，鼠标定位于数据库"计算机"列的任一单元格，单击"数据"选项卡→"排序和筛选"组→"升序"按钮，完成排序（空白排序在最后）。排序效果如图3-66所示。

	排序.xlsx					
	A	B	C	D	E	F
1			计算机升序排序			
2						
3	姓名	性别	系	计算机	英语	高数
4	刘宏	男	艺术系	45	89	78
5	王建平	男	艺术系	58	73	78
6	王伊燕	女	管理系	65	84	76
7	杨阳	女	外语系	67	81	72
8	王小明	男	会计系	69	85	71
9	伍杰	男	会计系	71	76	75
10	周杰	男	会计系	71	76	75
11	黄三磊	女	艺术系	72	61	
12	李文艺	男	管理系	72	81	75
13	杨丽婷	女	会计系	72	78	76

单字段排序　笔画排序　多字段排序

图3-66　计算机升序排序效果

（2）笔画排序。选中"笔画排序"工作表，定位于数据表任一单元格，单击"数据"选项卡→"排序与筛选"组→"排序"，在弹出的"排序"对话框中，选中"数据包含标题"复选框，"主要关键字"选择"姓名"，"排序依据"选择"数值"，"次序"选择"升序"，如图3-67所示。

单击"选项"按钮，弹出"排序选项"对话框，在"方法"选项区域中，选中"笔画排序"单选按钮，如图3-68所示，单击"确定"按钮，返回"排序"对话框，单击"确定"按钮。排序效果如图3-69所示。

图3-67　排序设置

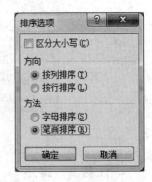

图3-68　排序选项

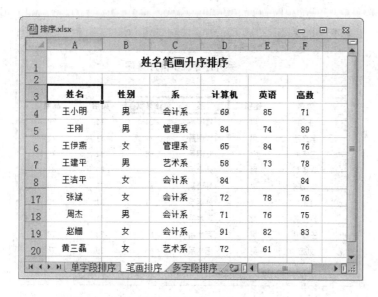

图 3-69 姓名笔画排序效果

（3）多字段排序。选择"多字段排序"工作表，定位于数据表，在"排序"对话框中，选择"数据包含标题"复选框，"主要关键字"选择"系"，"排序依据"选择"数值"，"次序"选择"升序"；单击"添加条件"按钮，添加"次要关键字"行，"次要关键字"选择"计算机"，"排序依据"选择"数值"，"次序"选择"降序"，如图 3-70 所示，单击"确定"按钮。排序效果如图 3-71 所示。

图 3-70 排序设置

任务3 分类汇总

打开"分类汇总"工作簿，完成以下操作。

（1）在"单级分类汇总"工作表中，以系为单位，汇总各课程的平均分（保留1位小数）。

（2）在"多级分类汇总"工作表中，以系为单位，汇总男女生计算机的最高分。

（3）在"删除汇总"工作表中，删除已建立的分类汇总。

操作步骤：

（1）单级分类汇总。

① 排序。选中"单级分类汇总"工作表，按系升序排序。

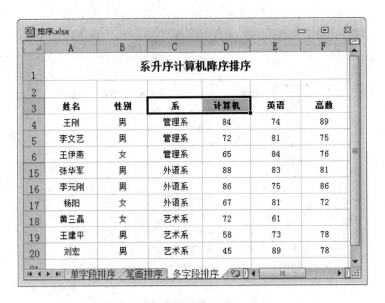

图 3-71　系升序、计算机降序排列效果

② 分类汇总。单击"数据"选项卡→"分级显示"组→"分类汇总"，弹出"分类汇总"对话框。在"分类字段"列表框中，选择"系"。在"汇总方式"列表框中，选择"平均值"。在"选定汇总项"列表框中，选中"计算机""英语"，选中"替换当前分类汇总""汇总结果显示在数据下文"复选框，如图 3-72 所示，单击"确定"按钮。

③ 格式设置。选择 D7 单元格，单击"开始"选项卡→"数字"组→"减少小数位数"，不断单击，至 1 位小数，再使用格式刷，刷其他汇总单元格。分类汇总效果如图 3-73 所示。

图 3-72　分类汇总设置

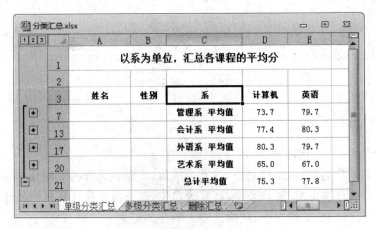

图 3-73　单级分类汇总效果

（2）多级分类汇总。

① 排序。在"排序"对话框中,选中"多级分类汇总"工作表,按主要关键字"系"升序,次要关键字"性别"降序排序,如图3-74所示,单击"确定"按钮。

图3-74 多字段排序

② 一级分类汇总。按"系"对"计算机""英语"汇总"最大值",选中"替换当前分类汇总"和"汇总结果显示在数据下文"复选框,如图3-75所示,单击"确定"按钮。

③ 二级分类汇总。按"性别"对"计算机""英语"汇总"最大值",取消"替换当前分类汇总"(一定要取消此项),如图3-76所示,单击"确定"按钮。分类汇总效果如图3-77所示。

图3-75 一级分类汇总

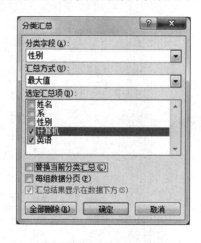

图3-76 二级分类汇总

（3）删除分类汇总。选择"删除汇总"工作表,在"分类汇总"对话框中,单击"全部删除"按钮。效果如图3-78所示。

任务4 自动筛选

打开"自动筛选"工作表,完成下列操作。

（1）在"简单筛选"工作表中,筛选计算机大于或等于80的记录。

（2）在"复杂筛选"工作表中,筛选计算机大于等于60小于80的记录。

（3）在"多字段筛选"工作表中,筛选会计系计算机大于等于80的记录。

	A	B	C	D
1	以系为单位，汇总男女生计算机的最高分			
3	姓名	系	性别	计算机
6			男 最大值	84
8			女 最大值	65
9		管理系 最大值		84
12			男 最大值	71
16			女 最大值	91
17		会计系 最大值		91
20			男 最大值	88
22			女 最大值	67
23		外语系 最大值		88
25			男 最大值	58
27			女 最大值	72
28		艺术系 最大值		72
29		总计最大值		91

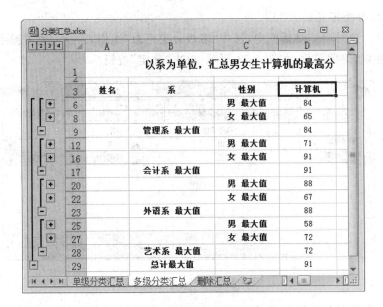

图 3-77 多级分类汇总的效果

(4) 在“匹配筛选”工作表中，筛选姓王的记录。

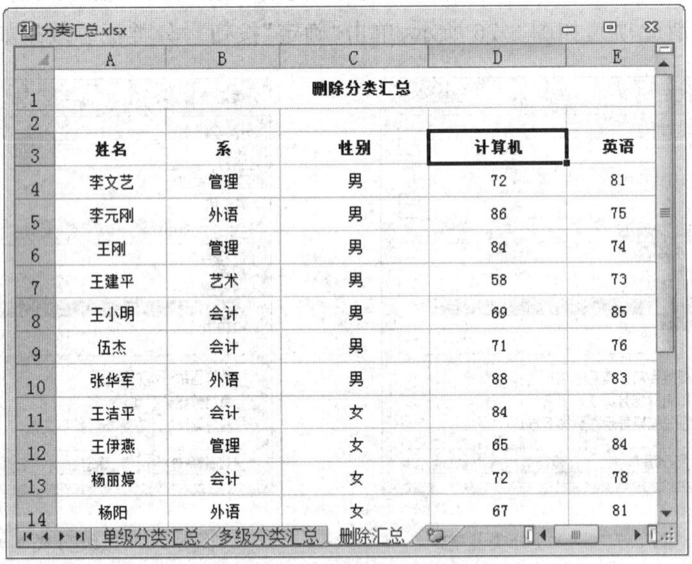

	A	B	C	D	E
1	删除分类汇总				
3	姓名	系	性别	计算机	英语
4	李文艺	管理	男	72	81
5	李元刚	外语	男	86	75
6	王刚	管理	男	84	74
7	王建平	艺术	男	58	73
8	王小明	会计	男	69	85
9	伍杰	会计	男	71	76
10	张华军	外语	男	88	83
11	王洁平	会计	女	84	81
12	王伊燕	管理	女	65	84
13	杨丽婷	会计	女	72	78
14	杨阳	外语	女	67	81

图 3-78 删除分类汇总的效果

(5) 在“取消筛选”工作表中，取消自动筛选。

操作步骤：

(1) 简单筛选。选中“简单筛选”工作表，定位于数据表任一单元格，单击“数据”选项卡→“排序和筛选”组→“筛选”，每个字段的右侧显示一个下拉按钮，单击“计算机”字段下拉按钮，在列表框中，选择“数字筛选→大于或等于”，弹出“自定义自动筛选方式”对话框，在“计算机”列表框中选择“大于或等于”，在数值框中输入“80”，如图 3-79 所示，单击“确定”按钮。

筛选之后，不满足条件的记录隐藏，满足条件记录显示，同时已筛选的字段右侧按钮添加一个"漏斗"标记。筛选效果如图 3-80 所示。

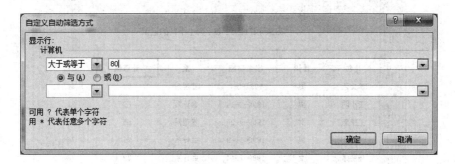

图 3-79 "自定义筛选方式"对话框

	A	B	C	D	E	F
1	筛选计算机大于或等于80的记录					
3	姓名	性别	出生日期	系	计算机	英语
5	李元刚	男	1991-4-10	外语系	86	75
6	王刚	男	1990-9-16	管理系	84	74
8	王洁平	女	1990-9-21	会计系	84	
13	张华军	男	1989-8-19	外语系	88	83
15	赵姗	女	1991-5-19	会计系	91	52
17	蔡长虹	女	1991-6-12	会计系	88	83
20	冯广超	男	1993-6-11	会计系	84	74
22	黄艳秋	女	1992-10-4	管理系	84	
29	宋若涛	男	1990-1-28	会计系	88	83

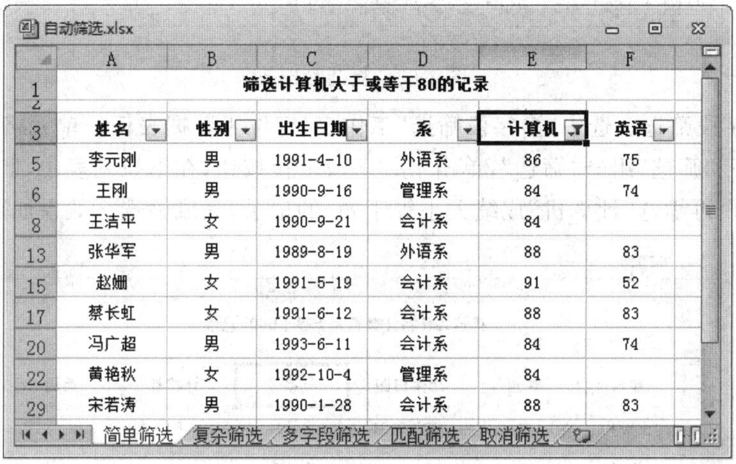

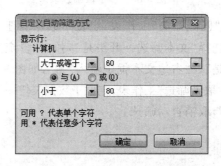

图 3-80 简单筛选效果

（2）复杂筛选。选中"复杂筛选"工作表，定位于数据表任一单元格，单击"数据"选项卡→"排序和筛选"组→"筛选"，单击"计算机"字段下拉按钮，在下拉列表中选择"数字筛选→自定义筛选"，弹出"自定义自动筛选方式"对话框，在"计算机"列表框中选择"大于或等于"，在数值框中输入"60"，选择"与"单选按钮，"小于"设置为"80"，如图 3-81 所示，单击"确定"按钮。筛选效果如图 3-82 所示。

图 3-81 自定义筛选

图 3-82 复杂筛选效果

（3）多字段筛选。选中"多字段筛选"工作表,定位于数据表任一单元格,单击"数据"选项卡→"排序和筛选"组→"筛选",单击"系"字段下拉按钮,在下拉列表中,取消"（全选）",选择"会计系"。再筛选"计算机"成绩大小等于 80 的记录,完成筛选。效果如图 3-83 所示。

图 3-83 多字段筛选效果

（4）匹配筛选。选中"匹配筛选"工作表,定位于数据表任一单元格,启动自动筛选,在"姓名"字段下拉列表中,选择"文本筛选→开头是",弹出"自定义自动筛选方式"对话框,选择"姓名"运算符为"开头是",在右边文本框中输入"王",如图 3-84 所示,单击"确定"按钮。

（5）取消筛选。选择"取消筛选"工作表,定位于数据表任一单元格,单击"数据"选项卡→"排序和筛选"组→"筛选",取消自动筛选。

任务5 高级筛选

打开"高级筛选"工作簿,完成下列操作。要求:条件区分别建立在以 H2 为左上角的单元区域内,筛选结果复制到以 A46 为左上角的区域。

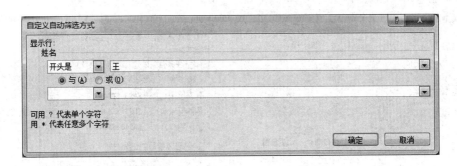

图 3-84　自定义筛选方式

图 3-85　匹配筛选效果

（1）在"与条件筛选"工作表中，筛选 1986 年下半年出生的记录。

（2）在"或条件筛选"工作表中，筛选计算机或英语不及格的记录。

（3）在"复杂条件筛选"工作表中，筛选管理系男生计算机成绩大于等于 80 或者所有女生计算机成绩大于等于 70 的记录。

（4）在"辅助条件筛选"工作表中，筛选管理系 1986 出生的记录。

操作步骤：

（1）与条件筛选。

① 建立条件区。

条件分析：由于"出生日期"由两个条件组成，即"出生日期＞＝1991-6-1""出生日期＜＝1991-12-31"，条件区中需要两个"出生日期"字段，且同行。

选中"与条件筛选"工作表，建立条件，如图 3-86 所示。

② 设置高级筛选。定位于数据库表任一单元格，单击"数据"选项卡→"排序和筛选"组→"高级"，弹出"高级选项"对话框。

选中"将筛选结果复制到其他位置"单选按钮。

在"列表区域"文本框中，自动获取筛选区域地址。

在"条件区域"文本框中，获取条件区域地址 H3:I4。

在"复制到"文本框中，获取筛选结果复制位置 A46。一般只选择数据区域的左上角单元格，如图 3-87 所示。单击"确定"按钮，筛选效果如图 3-88 所示。

图 3-86　建立条件区　　　　　　　　　图 3-87　高级筛选设置

	姓名	性别	出生日期	系	计算机	英语		出生日期	出生日期
1	筛选1986下半年出生的记录								
2									
3	姓名	性别	出生日期	系	计算机	英语		出生日期	出生日期
4	李文艺	男	1986-5-10	管理系	72	81		>=1986-6-1	<=1986-12-31
5	李元刚	男	1985-4-21	外语系	86	75			
6	王刚	男	1986-10-1	管理系	84	74			
44	钟倩	女	1986-12-1	会计系	76	76			
45									
46	姓名	性别	出生日期	系	计算机	英语			
47	王刚	男	1986-10-1	管理系	84	74			
48	王伊燕	女	1986-12-28	管理系	65	84			
49	黄艳秋	女	1986-10-3	管理系	84				
50	马跃峰	男	1986-12-28	会计系	72	78			

与条件筛选　或条件筛选　复杂条件筛选　辅助条件筛选

图 3-88　高级筛选效果

（2）或条件筛选。

条件分析：两个条件，计算机＜60，英语＜60，且为或关系。

选择"或条件筛选"工作表，建立条件区域，如图 3-89 所示。

在"高级筛选"对话框中，设置筛选，如图 3-90 所示。单击"确定"按钮。筛选效果如图 3-91所示。

图 3-89　建立条件区　　　　　　　　　图 3-90　高级筛选设置

图 3-91　筛选效果

（3）复杂条件筛选。

条件分析：该条件涉及三个字段和五个条件，其中，"系 ="管理系"，性别 ="男"，计算机 ＞=80"三个条件构成"与运算"，位于一行；"性别 ="女"，计算机 ＞=70"两个条件条件也构成"与运算"，位于另一行。两行又构成"或"运算。

选择"复杂条件筛选"工作表，建立条件区，如图 3-92 所示。在"高级筛选"对话框中，设置筛选，如图 3-93 所示。单击"确定"按钮。筛选结果如图 3-94 所示。

图 3-92　建立条件区

图 3-93　高级筛选设置

（4）辅助条件。

条件分析：如果筛选条件间接以字段值构成，用户可以添加辅助字段，从已知字段计算辅助字段的值，再以辅助字段设置筛选条件。建立辅助字段"出生年"，使用公式"＝YEAR(C3)"从出生日期字段中计算出生年，并向下填充，构成条件为"系 ="管理系""、"出生年＝1986"，且同行。

筛选管理系男生计算机大于等于80或所有女生计算机大于等于70									
姓名	性别	出生日期	系	计算机	英语		系	性别	计算机
李文艺	男	1986-5-10	管理系	72	81		管理系	男	>=80
李元刚	男	1985-4-21	外语系	86	75			女	>=70
王刚	男	1986-10-1	管理系	84	74				
姓名	性别	出生日期	系	计算机	英语				
王刚	男	1986-10-1	管理系	84	74				
王洁平	女	1987-4-23	会计系	84					
杨丽婷	女	1986-5-9	会计系	72	78				
赵姗	女	1986-3-9	会计系	91	52				
黄三磊	女	1984-4-28	艺术系	72	61				

图 3-94　筛选效果

选择"辅助条件筛选"工作表,建立条件区域,如图 3-95 所示。

在"高级筛选"对话框中,设置筛选,如图 3-96 所示。单击"确定"按钮。筛选效果如图 3-97 所示。

图 3-95　辅助条件建立

图 3-96　高级筛选设置

任务6　数据透视

打开"数据透视"工作簿,选择"数据透视"工件表,创建数据透视表,行为"系",列为"性别",汇总数据项为"计算机",汇总方式为"平均值",存放在本表页中,设置汇总区域水平垂直居中,汇总数据保留 1 位小数。复制"数据透视"表,交换行、列字段。

操作步骤:

（1）创建数据透视表。选择"数据透视表"工作表,定位于数据表任一单元格,单击"插入"选项卡→"表格"组→"数据透视表",弹出"创建数据透视表"对话框,自动选择"选择一个表或区域"单选按钮,并填写数据库区域;选中"现在工作表"单选按钮,获取"I8",如图 3-98 所示,单击"确定"按钮。

高级筛选.xlsx									
	A	B	C	D	E	F	G	H	I	J
1			**筛选管理系1986年出生**							
2										
3	姓名	性别	出生日期	系	计算机	英语	出生年		系	出生年
4	李文艺	男	1986-5-10	管理系	72	81	1986		管理系	1986
5	李元刚	男	1985-4-21	外语系	86	75	1985			
6	王刚	男	1986-10-1	管理系	84	74	1986			
44	钟倩	女	1986-12-1	会计系	76	76	1986			
45										
46	姓名	性别	出生日期	系	计算机	英语	出生年			
47	李文艺	男	1986-5-10	管理系	72	81	1986			
48	王刚	男	1986-10-1	管理系	84	74	1986			
49	王伊燕	女	1986-12-28	管理系	65	84	1986			
50	黄艳秋	女	1986-10-3	管理系	84		1986			
51	齐心	女	1986-5-9	管理系	72	78	1986			

与条件筛选 / 或条件筛选 / 复杂条件筛选 / 辅助条件筛选

图 3-97 筛选效果

（2）数据透视表设计工具。在窗口中,显示"数据透视表字段列表";在工作表中,显示"数据透视表1"初始样式,如图 3-99 所示。

（3）设计数据透视表。在列表中,拖动"系"到"行标签"区,拖动"性别"到"列标签"区,拖动"计算机"到"数据"区,如图 3-100 所示。

（4）确定汇总方式及数字格式。选择 I8 求和项单元格,右击,在快捷菜单中,选择"值汇总方式"→"平均值,如

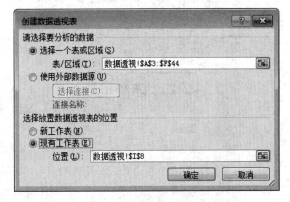

图 3-98 创建数据透视表

图 3-101所示"。通过"开始"选项卡,设置汇总区域水平垂直居中,汇总数据保留 1 位小数,设计效果如图 3-102 所示。

（5）交换行列。采用"复制"、"粘贴"方式,复制一张"数据透视（2）"工作表,选中该工作表。定位于数据透视表任一单元格,在"数据透视表字段列表"中(如果没有显示,单击"数据透视表工具/选项"上下文选项卡→"显示"组→"字段列表"),单击"列标签"中的"性别"下拉按钮,在列表框中,选择"移动到行标签",同理,"系"移到列标签。效果如图 3-103 所示。

任务 7　图表

打开"图表"工作簿,完成以下操作。

（1）在"簇状图"工作表中,利用字段"姓名"、"计算机",制作簇状柱形图。

要求:数据系列产生在列,图表标题为"学生成绩",分类轴标题为"姓名"、数值轴标题为

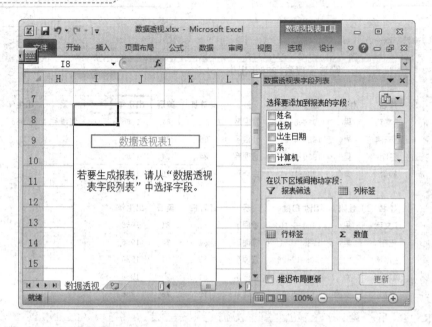

图 3-99 设计窗口

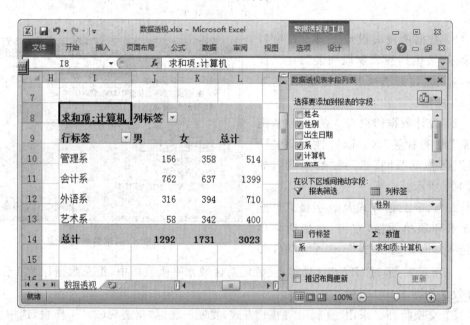

图 3-100 设计数据透视表

"成绩"。

(2) 复制"图表"工作表。在图表中增加"英语"、"高数"系列,删除"计算机"系列。纵坐标轴最小刻度为 40;主要刻度单位为 10。

操作步骤:

(1) 簇状柱形图。

① 选择图表类型。选择"簇状图"工作表,选中数据源区域 A3:B9,单击"插入"选项卡→"图表"组→"柱形图"下拉按钮,在列表框中,选择"二维柱形图/簇状柱形图",在工作表中,

生成图表,如图 3-104 所示。

② 设计标题。

修改图表标题"计算机"为"学生成绩"。

添加坐标轴标题。选中图表,单击"图表工具/布局"上下文选项卡→"标签"组→"坐标轴标题"下拉按钮,在列表框中,选择"主要横坐标轴标题"→"坐标轴下方标题",在图表下方添加一个"坐标轴标题"文本框,修改文本为"姓名"。同理,选择"主要纵坐标轴标题"→"竖排标题",修改"坐标轴标题"文本为"成绩",如图 3-105 所示。

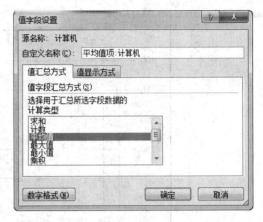

图 3-101 选择计算类型

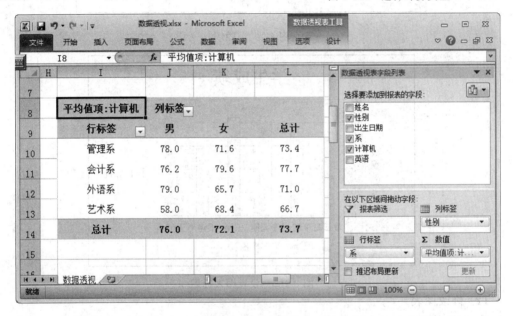

图 3-102 设计效果

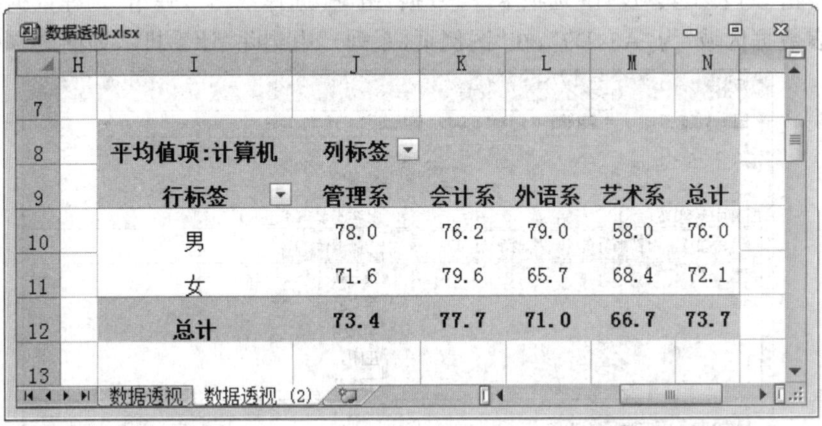

图 3-103 交换行列后的设计效果

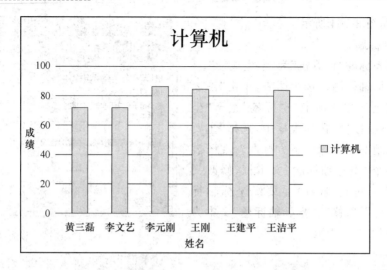

图 3-104 图表

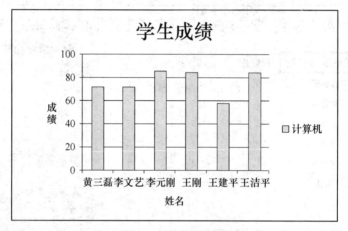

图 3-105 设置图表标题

（2）修改图表。

① 变换数据源。复制工作表，采用"复制"＋"粘贴"方式，复制一份"簇状图（2）"。选择"图表"，单击"图表工具/设计"选项卡→"数据"组→"选择数据"，弹出"选择数据源"对话框，选择"图表数据区域"为"A3：D9"，在"图例页（系列）"中删除"计算机"，如图 3-106 所示。

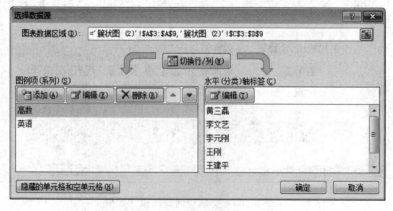

图 3-106 "选择数据源"对话框

② 数据轴格式。选择图表"数值轴",右击,选择快捷菜单"设置坐标轴格式",弹出"设置坐标轴格式"对话框,自动定位于"坐标轴选项",选择"最小值"为"固定",输入值为"40","主要刻度单位"为"固定",值为"10",如图 3-107 所示。单击"关闭"按钮,效果如图 3-108 所示。

图 3-107 "设置坐标轴格式"对话框

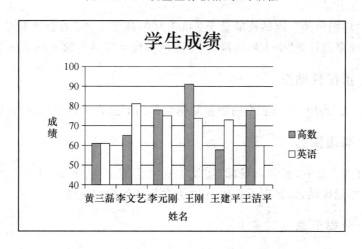

图 3-108 设置效果

项目6 Excel 综合实训

在"综合实训"文件夹中,打开"综合实训"工作簿,完成以下操作。

任务 1　格式化总表

在"总表"工作表中,设置字段名(数据表标题)为宋体,14 号,加粗,水平垂直方向居中,自动换行;填充浅绿色。设置记录数据字体宋体,10 号,字符型字段水平居中、垂直居中,数字型字段右对齐,垂直居中,保留两位小数,负数用红色表示(不显示符号)。对公式计算字段填充茶色。

任务 2　数据填充

在"总表"工作表中,A2:A50 区域填充职工编号,编号为 C001~C049。

任务 3　数据有效性

在"总表"工作表中,B2:B50 区域通过单元格下拉菜单的输入部门,八个部门分别是行销企划部、人力资源部、系统集成部、市场部、财务部、产品研发部、网络安全部、技术服务部。选择输入最后 10 条记录的部门数据。

任务 4　公式

在"总表"工作表中,计算:

核定工资总额＝基本工资＋浮动奖金

合计应发＝核定工资总额＋交通/通讯等补助＋迟到/旷工等扣减＋养老/医疗/失业保险

实发工资＝合计应发＋个人所得税

任务 5　逻辑函数

在"总表"工作表中:

(1) 计算"应纳税额",应纳税额低于 2 000 为 0,高于 2 000 为合计工资－2 000。

(2) 根据税率表计算"个人所得税"。个人所得税＝应纳税额＊税率－扣除数。

任务 6　选择性粘贴

在"部门汇总"表中,把总表中的数据复制到部门汇总表中,且只复制数值与格式。

任务 7　高级筛选

在"部门汇总"表中,筛选市场部,实发工资大于等于 4 000 的员工。条件区建立在以 B62 为左上角单元区域,结果存放在以 A66 为左上角的单元区域。

任务 8　分类汇总

在"部门汇总"表中,按部门统计实发工资的总和。

任务 9　图表

在"部门汇总"表中,按各部门实发工资的总和,绘制各部门的三维分离饼图,嵌入当前工作表中。

模块 4　PowerPoint 2010 基本操作

通过本项目操作,掌握幻灯片三大内容,即幻灯片编辑、幻灯片格式和幻灯片放映。幻灯片上存在各种占位符,不同占位符其格式不同,放映时可添加各种动画效果。

项目 1　幻灯片编辑

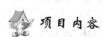 **项目内容**

在"4-PowerPoint"文件夹中,打开"幻灯片编辑"演示文稿,完成以下操作。

任务 1　标题幻灯片

第 1 张幻灯片,更改版式为"标题幻灯片",设置标题字体为黑体,字号为 48,副标题区插入系统的当前日期,日期格式如 2016 年 2 月 16 日。

任务 2　插入图片

第 2 张幻灯片,插入图片文件"企业形象.jpg",图片高为 10 厘米,宽为 15 厘米。图片样式为棱台形椭圆,黑色。

任务 3　插入表格

第 4 张幻灯片,按第 3 张幻灯片图片样式,插入 4 行 5 列表格,应用表格样式为中/中度样式 4,修改字号为 20;按格式合并单元格,并适当调整行列大小,输入字符。

任务 4　项目符号

第 5 张幻灯片,文本占位符格式:项目符号为"➢",大小为"100"％字高,颜色为"红色",文本之前 2 厘米,悬挂缩进 2 厘米。

任务 5　绘制图形

第 7 张幻灯片,按第 7 张效果绘制自选图形,两个椭圆采用形状样式:彩色轮廓-黑色,深色 1;两个椭圆之间采用 4 条直线连接,直线两端点捕捉椭圆控点;添加文字,格式为宋体,20 号;所有图形及文本框组合为一个整体。

任务 6　页眉页脚

设置页眉页脚,包含日期和时间"自动更新"、幻灯片编号,页脚"企业形象"。标题幻灯片不显示。

任务 7　节

新增"第1节"和"第2节"两个节,"第1节"包含前4张幻灯片,"第2节"包含其余张幻灯片。

项目实施

任务 1　标题幻灯片

第1张幻灯片,更改版式为"标题幻灯片",设置标题字体为黑体,字号为48,副标题区插入系统的当前日期,日期格式如2016年2月16日。

操作步骤:

(1) 版式。选择第1张幻灯片,单击"开始"选项卡→"幻灯片"→"版式"下拉按钮,在列表框中,选择"标题幻灯片"。

(2) 字体格式。选择标题文本,在"开始"选项卡→"字体"组中设置字体为黑体,字号为48。

(3) 插入日期和时间。定位于副标题文本框,单击"插入"选项卡→"文本"组→"日期和时间",弹出"日期和时间"对话框,在"可用格式"列表框中,选择日期格式样式为"2016年2月15日"(系统当前日期),如图4-1所示。如果选择"自动更新"复选框,下次打开文件时,日期自动更新为系统日期。效果如图4-2所示。

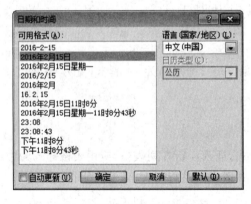

图4-1　"日期和时间"对话框

图4-2　标题幻灯片设计

任务 2　插入图片

第2张幻灯片,插入图片文件"企业形象.jpg",图片高为10厘米,宽为15厘米。图片样式为棱台形椭圆,黑色。

操作步骤:

(1) 插入图片。选择第2张幻灯片,单击"内容"占位符中的"插入图片"按钮,弹出"插入图片"对话框,选择"企业形象.jpg",单击"插入"按钮。

(2) 图片格式。选择图片,单击"图片工具/格式"上下文选项卡→"大小"组→"大小"按钮,弹出"设置图片格式"对话框,自动定位于"大小"导航窗格,取消勾选"锁定纵横比"复选框,在"高度"微调框中输入"10厘米",在"宽度"微调框中输入"15厘米",如图4-3所示,单击"关闭"按钮。

图 4-3 设置图片大小

（3）图片样式。选择图片，单击"图片工具/格式"上下文选项卡，在"图片样式"组的图片列表中，选择"棱台形椭圆，黑色"。效果如图 4-4 所示。

任务3 插入表格

第 4 张幻灯片。按第 3 张幻灯片图片样式，插入 4 行 5 列表格，应用表格样式为中/中度样式 4，修改字号为 20；按格式合并单元格，并适当调整行列大小，输入字符。

操作步骤：

（1）选择第 4 张幻灯片，单击"内容"占位符中的"插入表格"按钮，弹出"插入表格"对话框，调整列数为 5，行数为 4，单击"确定"按钮。效果如图 4-5 所示。

图 4-4 插入图片

图 4-5 插入表格

修改字号为 20，按格式合并单元格，并适当调整行列大小，输入字符。

（2）表格样式。选择表格，单击"表格工具/设计"上下文选项卡→"表格样式"组→"其他"下拉按钮，在列表框中，选择"中/中度样式 4"，修改字号为 20，按格式合并单元格，并适当调整行列大小，输入字符。效果如图 4-6 所示。

任务4 项目符号

第5张幻灯片,文本占位符格式:项目符号为"➤",大小为"100"％字高,颜色为"红色",设置段落格式为左对齐,文本之前2厘米,悬挂缩进2厘米,1.5倍行距。

操作步骤:

（1）更改项目类型。选择第6张幻灯片文本框中所有文本,单击"开始"选项卡→"段落"组→"项目符号"下拉按钮,在列表框中,选择"项目符号和编号",弹出"项目符号和编号"对话框,自动定位于"项目符号"选项卡,不修改"大小"数值框中"100"％字高,在"颜色"下拉列表框中选择"标准色/红色",如图4-7所示,单击"确定"按钮。

企业形象要素分析				
项目	**评价**			
	优	良	中	差
办事效率	65	25	10	
业务能力	70	20	10	

图4-6 表格效果

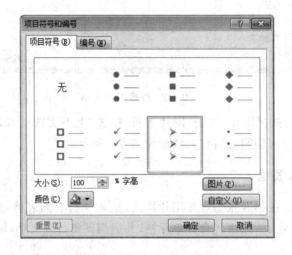

图4-7 项目符号设置

（2）段落格式。单击"开始"选项卡→"段落"组→"段落"按钮,弹出"段落"对话框,设置左对齐,文本之前2厘米,悬挂缩进2厘米,1.5倍行距,如图4-8所示。效果如图4-9所示。

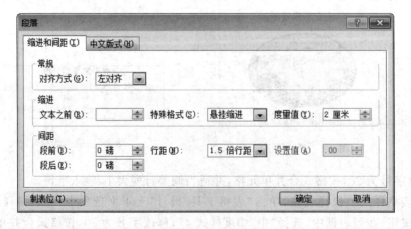

图4-8 段落格式设置

任务5 绘制图形

第 7 张幻灯片，按第 7 张效果绘制自选图形，两个椭圆采用形状样式：彩色轮廓-黑色，深色 1；两个椭圆之间采用 4 条直线连接，直线两端点捕捉椭圆控点；添加文字，格式为宋体，20 号；所有图形及文本框组合为一个整体。

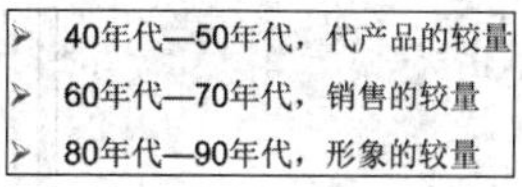

40年代—50年代，代产品的较量
60年代—70年代，销售的较量
80年代—90年代，形象的较量

图 4-9 设置效果

操作步骤：

（1）绘制图形。绘制两个椭圆，同时选中两个椭圆，在“绘制工具/格式”上下文选项卡→“形状样式”组中，选择形状样式列表框中“彩色轮廓-黑色，深色 1”，再绘制两个椭圆之间的 4 条连接直线，直线两端点分别捕捉内外椭圆控点，适当调图片大小及位置。

（2）添加文字。中间椭圆内添加文字，并设置段落格式为居中；字符格式为宋体，字号为 20；椭圆之间的文字插入一个横排文本框，适当调整大小，输入文字并设置格式，再复制一份，调整位置，重新输入文字。同理，插入一个竖排文本框调整大小及位置，输入文字并设置格式，再复制一份，调整位置，重新输入文字。

（3）框选整个整形，单击“绘图工具/格式”上下文选项卡→“排列”组→组合，组合为一个整体，效果如图 4-10 所示。

企业形象的构成
产品形象
文化形象
企业形象
社区形象
标识形象

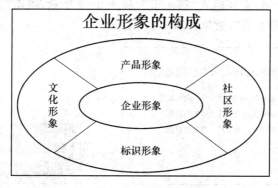

图 4-10 设置效果

任务6 页眉页脚

设置页眉页脚，包含日期和时间“自动更新”、幻灯片编号，页脚“企业形象”。标题幻灯片不显示。

操作步骤：

单击“插入”选项卡→“文本”组→“页眉和页脚”，弹出“页眉和页脚”对话框，自动定位于“幻灯片”选项卡，在‘幻灯片包含内容“选项区域中，选中“日期和时间”复选框，选中“自动更新”单选按钮，文本框内自动获取系统当前日期，选中“幻灯片编号”复选框，选中“页脚”复选框，在文本框中输入“企业形象”；选中“标题幻灯片中不显示”，如图 4-11 所示，单击“全部应用”按钮。效果如图 4-12 所示。

任务7 节

新增“第 1 节”和“第 2 节”两个节，“第 1 节”包含前 4 张幻灯片，“第 2 节”包含其余张幻灯片。

操作步骤：

（1）新建节。在普通视图的幻灯片窗格中，定位于第 4 张幻灯片与第 5 张幻灯片之间，

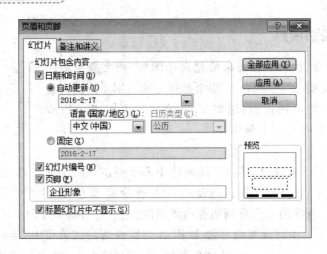

图 4-11　页眉页脚设置

单击"开始"选项卡→"幻灯片"组→节"→"新增节",新建两个节,"默认节"和"无标题节",前者包含前 4 张幻灯片,后者包含其余幻灯片。

（2）重命名。选中"默认节",右击,选择快捷菜单"重命名节",弹出"重命名节"对话框,删除文本框中默认节名,重新输入"第 1 节",如图 4-13 所示,单击"重命名"按钮。同理,重命名"无标题节"为"第 2 节",效果如图 4-14 所示。

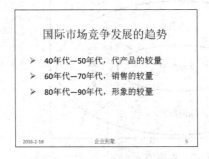

图 4-12　设置效果　　　　　图 4-13　"重命名节"对话框

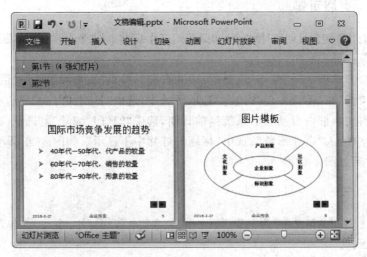

图 4-14　设置效果

项目2 幻灯片格式

格式设置的主要内容包括幻灯片的配色方案、设计模板、母版等内容。

 项目内容

本项目操作文件夹为"4-PowerPoint"。

任务1 背景

打开"背景"演示文稿,填充所有幻灯片背景纹理为"水滴"(纹理列表框中第1行第1列)。

任务2 主题

打开"主题"演示文稿,应用"波形"主题(内置主题第5个)。

任务3 母版

打开"母版"演示文稿,完成以下操作。

(1) 新建"我的模板"的母版。

(2) 设置版式格式。"标题幻灯片 版式"主标题格式为黑体,48号,红色;"标题和内容版式"内容格式为宋体,28号,加"√"项目符,文本之前与悬挂缩进各2厘米,段前6磅,单倍行距。

(3) 所有幻灯片右下角插入动作按钮"后退或前一项"和"前进或下一项",高宽各1厘米,右上角插入"创新.png"图片。

(4) 设置页眉页脚,日期自动更新,页脚"企业形象",加编号,字号为20。

(5) 应用母版。第1张应用"我的模板"标题幻灯片,第5张应用"我的模板"标题内容。

 项目实施

任务1 背景

打开"背景"演示文稿,填充所有幻灯片背景纹理为"水滴"(纹理列表框中第1行第1列)。

操作步骤:

打开"背景"演示文稿,单击"设计"选项卡→"背景"组→"背景"按钮,弹出"设置背景格式"对话框,自动定位于"填充"导航,选中"图片或纹理填充"单选按钮,单击"纹理"下拉按钮,在纹理列表框中,选择"水滴"(第1行第5列),如图4-15所示,单击"全部应用"按钮,效果如图4-16所示,单击"关闭"按钮。

任务2 主题

打开"主题"演示文稿,应用"波形"主题(内置主题第5个)。

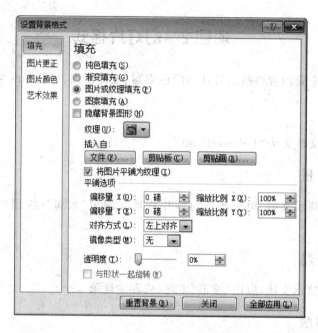

图 4-15 "设置背景格式"对话框

操作步骤:

打开"主题"文稿,单击"设计"选项卡→"主题"组→"其他"按钮,在主题列表框中,选择"内置/暗香扑面"(内置主题第 2 个),效果如图 4-17 所示。

图 4-16 设置效果

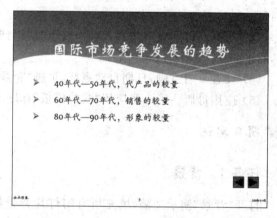

图 4-17 应用主题效果

任务 3 母版

打开"母版"演示文稿,完成以下操作。

(1)新建"我的模板"的母版。

(2)设置版式格式。"标题幻灯片 版式"主标题格式为黑体,48 号,红色;"标题和内容版式"内容格式为宋体,28 号,加"√"项目符,文本之前与悬挂缩进各 2 厘米,段前 6 磅,单倍行距。

(3)所有幻灯片右下角插入动作按钮"后退或前一项"和"前进或下一项",高宽各1厘米,右上角插入"创新.png"图片。

(4)设置页眉页脚,日期自动更新,页脚"企业形象",加编号,字号为20。

(5)应用母版。第1张应用"我的模板"标题幻灯片,第5张应用"我的模板"标题内容

操作步骤:

(1)新建母版。单击"视图"选项卡→"母版版式"组→"母版版式",进入幻灯片母版视图。同时显示"幻灯片母版"导航空格,如图4-18所示。单击"幻灯片母版"选项卡→"编辑母版"组→"插入幻灯片母版",新建编号2的"自定义设计方案"的幻灯片母版,选中"自定义设计方案"幻灯片母版,单击"幻灯片母版"选项卡→"编辑母版"组→"重命名",弹出"重命名版式"对话框中,重命名为"我的模板"。

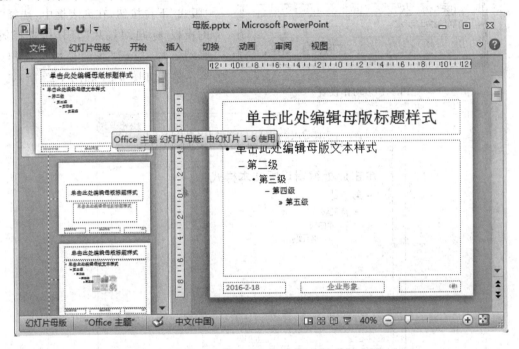

图4-18 幻灯片母版视图

(2)设置版式格式。

选择"我的模板"母版组中的"标题幻灯片 版式",设置主标题格式为黑体,48号,红色。

选择"标题和内容 版式",设置内容第一级格式为宋体,28号,加"√"项目符,文本之前与悬挂缩进各2厘米,段前6磅,单倍行距。

(3)图形及图片。

① 动作按钮。选择"我的模板 幻灯片母版",单击"插入"选项卡→"插图"组→"形状"下拉按钮,在列表框中,选择"动作按钮/后退或前一项",光标变为"十"字形,在母版幻灯片右下角,拖动鼠标画出图形,释放鼠标,弹出"动作设置"对话框,选择"超链接到"→"上一张幻灯片",如图4-19所示,单击"确定"按钮。同理,制作"前进或下一项"动作按钮,设置高宽各为1厘米。

图 4-19　动作设置

② 插入图片。单击"插入"选项卡→"图像"组→"图片",弹出"插入图片"对话框,选择位置及图片文件,单击"插入"按钮。

（4）页眉页脚,插入页眉页脚,设置字号为 20。效果如图 4-20 所示。单击"幻灯片母版"选项卡→"关闭"组→"关闭母版视图"。

（5）应用母版。选择第 1 张幻灯片,单击"开始"选项卡→"幻灯片"组→"版式"下拉按钮,在列表框中,选择"我的模板/标题幻灯片",同时,选择第 5 张幻灯片,应用"我的模板/标题与内容",效果如图 4-21 和图 4-22 所示。

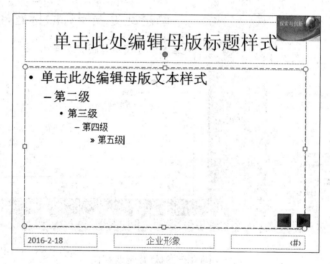

图 4-20　设置效果

图 4-21　标题幻灯片效果

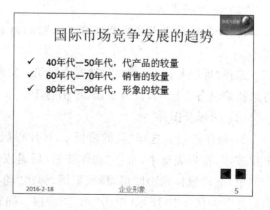

图 4-22　标题与内容幻灯片效果

项目3 幻灯片放映

幻灯片的放映包括幻灯片动画、切换以及放映,最终要通过放映体现设计价值。

 项目内容

在"4-PowerPoint"文件夹中,打开"动画"演示文稿,完成以下操作。

任务1 动画

(1)设置第2张幻灯片动画。图片:单击以"浮入"形式进入,再沿"弧线"从左向右运动。

(2)图片退出方式为"细微型/旋转"。

(3)设置第5张幻灯片动画。标题:单击从左"飞入"进入,慢速3秒。内容:按段落单击至上"缩放"进入,慢速3秒。

任务2 切换

所有切换方式设置为"百叶窗",效果选项为"水平",无声音,持续时间为0.5秒,换片方式为"单击鼠标时"。

任务3 放映

设置换片方式为"手动",画笔颜色为"红色",从头开始放映,启用画笔,手绘曲线。

 项目实施

任务1 动画

(1)设置第2张幻灯片动画。图片:单击以"浮入"形式进入,再沿"弧线"从左向右运动。

(2)图片退出方式为"细微型/旋转"。

(3)设置第5张幻灯片动画。标题:单击从左"飞入"进入,慢速3秒。内容:按段落单击至上"缩放"进入,慢速3秒。

操作步骤:

(1)设置进入方式及路径。选择第2张幻灯片,选择图片,单击"动画"选项卡→"动画"组→"其他"下拉按钮,在列表框中,选择"进入/浮入"。在列表框中,再选择"动作路径/弧线",拖动至合适位置,如图4-23所示。

(2)设置退出方式。选择图片,单击单击"动画"选项卡→"高能动画"组→"添加动画",在列表框中,选择"更多退出效果",弹出"添加

企业形象背景

图4-23 设置进入方式及动作路径

图 4-24　添加退出方式

"退出效果"对话框,选择"细微型/旋转",如图 4-24 所示,单击"确定"按钮。

(3)设置第 5 张幻灯片动画。选择标题,单击"动画"选项卡→"动画"组→"其他"按钮,在列表框中,选择"进入/飞入"。单击"动画"选项卡→"动画"组→"效果选项"下拉按钮,在列表框中,选择"至左侧"。在"动画"选项卡→"计时"组中,设置开始"单击时",持续时间为"3 秒"。

同理,选择内容文本框(不要选择文本),设置"缩放"进入,效果选择"消失点:对象中心,序列,按段落"。在"动画"选项卡→"计时"组中,设置开始"单击时",持续时间为"3 秒"。

任务 2　切换

切换方式设置为"华丽型/百叶窗",效果选项为"水平",换片方式为"单击鼠标时",持续时间为 0.5 秒,全部应用。

操作步骤:

全选所有幻灯片,单击"切换"选项卡→"切换到此幻灯片"组→"其他"按钮,在列表框中,选择"华丽型/百叶窗";单击"切换"选项卡→"切换到此幻灯片"组→"效果选项"下拉按钮,在列表框中,选择"水平",在"动画"选项卡→"计时"组中,"换片方式"选中"单击鼠标时","设置自动换片时间"为"0.5",单击"计时"组中"全部应用"按钮。

任务 3　幻灯片放映

设置换片方式为"手动",画笔颜色为"红色",从头开始放映,启用画笔,手绘图形。

操作步骤:

单击"幻灯片放映"选项卡→"设置"组→"设置幻灯片放映",弹出"设置放映方式"对话框,选中"换片方式"为"手动";"绘图笔颜色"为"红色",如图 4-25 所示,单击"确定"按钮。

单击"幻灯片放映"选项卡→"开始放映幻灯片"→"从头开始",放映幻灯片。在放映时,单击鼠标右键,选择快捷菜单"鼠标选项"→"笔"。使用画笔可以在放映幻灯片上手绘各种形状。

项目 4　PPT 综合实训

在"综合实训"文件夹中,打开"综合实训"演示文稿,完成以下操作。

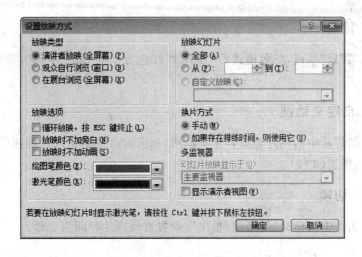

图 4-25 "设置放映方式"对话框

任务 1 超链接

在第 1 张幻灯片副标题文本框中增加一个超链接,该链接指向一个电子邮箱,邮箱名为 "Class2010.163.com",电子邮箱主题为"可以做得更好",屏幕提示文字为"班级电子邮箱"。

任务 2 圆圈编号

将第 3 张幻灯片文本框中的内容设置编号,编号类型为带圆圈的阿拉伯数字,大小 "80"％字高,编号开始于 1,颜色为 RGB 值:红色为 200,绿色为 180,蓝色为 255。

任务 3 段落格式设置

将第 4 张幻灯片文本框中的文本设置行距为 1.5 行,段前段后 5 磅,左右缩进为 0,首行缩进两个字符。

任务 4 页眉页脚

设置幻灯片的页眉页脚,设置日期和时间,能自动更新,参考格式:"2016 年 1 月 9 日星期二 18 时 10 分 19 秒";设置幻灯片编号;设置页脚,内容为"心静如水"。应用所有幻灯片,标题幻灯片中不显示。

任务 5 版式

将第 5 张幻灯片的版式更换为"标题和竖排文字"。

任务 6 主题

应用主题"内置/聚合"(内置列表第 2 行第 7 列)。

任务 7 母版

通过母版,标题文本设置为黑体,44 号,红色。

任务8 背景

纯色填充"背景"颜色,颜色模式为GRB,即红色为150,绿色为250,蓝色为50,应用所有幻灯片。

任务9 自定义动画

将第6张幻灯片中的图片设置自定义动画:单击时自左侧飞入。慢速(3秒),再单击时至右下侧飞出,慢速(3秒)。

任务10 切换

切换方式为单击鼠标时"细微型/推出",设置自动换片时间为2秒。

模块5 计算机网络应用

通过本项目操作,掌握局域网基本知识、局域网的简单应用、上网方式以及浏览器使用、电子邮件的收发。

本模块操作文件夹:"Net"文件夹。

 项目内容

任务1 局域网的组建

(1) 简述组成局域网的硬件,并绘制连接图。

(2) 设置各计算机 IP 地址。

(3) Ping 命令测试。

任务2 IE 的应用

(1) 设置主页。使用 IE,打开网页"http://www.hao123.com",并设置为主页。

(2) 收藏网页。打开"http://www.pconline.com.cn"网页,收藏于"收藏夹"。

任务3 搜索引擎应用

(1) 复制网页内容。打开 http://www.baidu.com,搜索朱自清散文《荷塘月色》,并把原文以 Word 文档保存,取名为"荷塘月色"。

(2) 下载歌曲。打开 http://www.baidu.com,搜索 MP3 歌曲"二泉映月",下载到"Net"文件夹中。

(3) 下载图片文件。打开 http://www.baidu.com,搜索"鸟的图片",并保存一张图片到"Net"文件夹中,取名为"鸟"。

任务4 Internet 收发邮件

(1) 打开 QQ 邮箱,向自己 QQ 邮箱发送一封邮件。

邮件的主题:"计算机文化基础"

邮件内容:你好! 现转发计算机文化基础学习资料,望查收!

邮件附件:计算机文化基础.docx。

(2) 打开 QQ 邮箱,查看收件箱,并下载附件。

任务5 Outlook Express 收发邮件

(1) 创建用户。用户名为"小周",邮箱地址为"13912345678@163.com",163 站点的

POP3 接收邮件服务器为 pop.163.com，SMTP 发送邮件服务器为 smtp.163.com。

（2）管理 OE 联系人。添加同学小张的 xiaozhang@163.com 邮箱到"联系人"中。

（3）发送邮件。给周老师发一封邮件，抄送给李老师，下面是邮件内容：

邮件地址：Zhou@163.com

抄送地址：Li@163.com

主题：讨论会

内容：周二下午开讨论会！

附件：讨论.doc

 项目实施

任务 1　局域网的组建

（1）简述组成局域网的硬件，并绘制连接图。

（2）设置各计算机 IP 地址。

（3）Ping 命令测试。

操作步骤：

（1）网络硬件。组成局域网的硬件主要有：计算机、集线器（或者交换器、路由器）、网带水晶头的双绞线。组成局域网一般采用星形连接，即通过双绞线，把计算机连接到集线器上。连接完成后，开机通电，观察集线器上的指示灯，如对应的端口的指示灯亮，则表明计算机到集线器的物理连接已接通。连接图如图 5-1 所示。

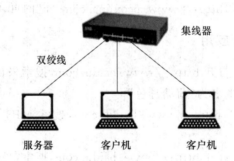

图 5-1　局域网连接

（2）IP 地址。双击"桌面"上的"网络"图标，打开"网络"窗口，单击"网络和共享中心"选项卡（或右击"网络"图标，选择快捷菜单"属性"），打开"网络和共享中心"，如图 5-2 所示。单击"更改适配器设置"导航，弹出"网络连接"窗口，如图 5-3 所示。

右击"本地连接"图标，选择快捷菜单"属性"，弹出"本地连接 属性"对话框，选择"Internet 协议版本 4（TCP/IPv4）"，如图 5-4 所示，单击"属性"按钮，弹出"Internet 协议版本 4（TCP/IPv4）属性"对话框，选中"使用下面的 IP 地址"，输入 IP 地址和子网掩码，例如，IP 地址为 192.168.0.10（在同一个网络中 IP 地址要保证唯一），子网掩码为 255.255.255.0，如图 5-5 所示。单击"确定"按钮，返回"本地连接 属性"对话框，单击"关闭"按钮。

（3）连接测试。选择"开始"菜单→"运行"，在弹出的"运行"对话框，输入 Ping 及 IP 地址，如 Ping 192.168.0.10。

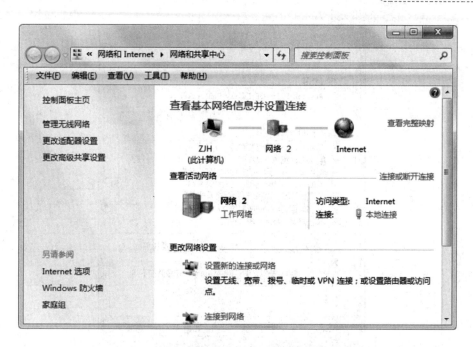

图 5-2 "网络和共享中心"窗口

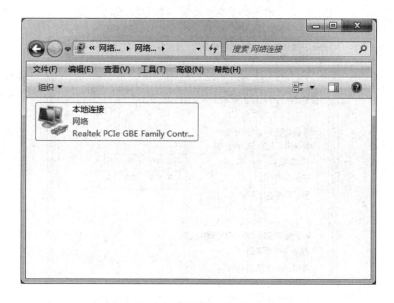

图 5-3 "网络连接"窗口

如果显示"Reply from 192.168.0.3:bytes＝32 time＜1ms ttl＝120",则表示该计算机连接成功,如图 5-6 所示。

如果显示"Request timed out",则表示该计算机连接失败,如图 5-7 所示。

任务 2 IE 的应用

(1) 设置主页。使用 IE,打开网页"http://www.hao123.com",并设置为主页。

(2) 收藏网页。打开"http://www.pconline.com.cn"网页,收藏于"收藏夹"。

图 5-4 "本地连接 属性"对话框

图 5-5 IP 地址的设置

操作步骤:

（1）设置主页。打开 IE，在地址栏中输入"http://www.hao123.com"，按"Enter"键，打开网页，如图 5-8 所示。单击"工具"→"Internet"选项，弹出"Internet 选项"对话框，选择"常规"选项卡，在"主页"列表框中，单击"使用当前页"按钮，如图 5-9 所示。

（2）收藏网页。打开"http：//www.pconline.com.cn"网页，执行"收藏夹"→"添加到收藏夹（A）"命令，弹出"添加收藏"对话框，如图 5-10 所示。单击"添加"按钮，显示"收藏夹"工具栏。

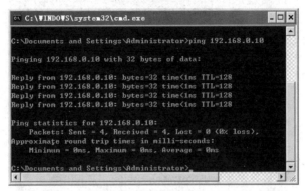

图 5-6　连接成功

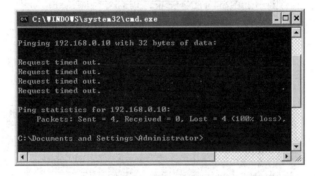

图 5-7　连接失败

图 5-8　http://www.hao123.com 网页

图 5-9　设置主页

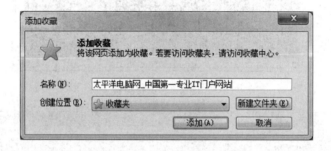

图 5-10　"添加到收藏夹"对话框

任务 3　搜索引擎应用

（1）复制网页内容。打开 http://www.baidu.com，搜索朱自清散文《荷塘月色》，并把原文以 Word 文档保存，取名为"荷塘月色"。

（2）下载歌曲。打开 http://www.baidu.com，搜索 MP3 歌曲"二泉映月"，下载到"Net"文件夹中。

（3）下载图片文件。打开 http://www.baidu.com，搜索"鸟的图片"，并保存一张图片到"Net"文件夹中，取名为"鸟"。

操作步骤：

（1）复制网页内容。打开 http://www.baidu.com，选择搜索"网页"，在文本框中输入"荷塘月色"，如图 5-11 所示，单击"百度一下"按钮，弹出搜索结果，如图 5-12 所示。单击"朱自清《荷塘月色》"现代散文搜索选项，弹出原文，如图 5-13 所示，选择《荷塘月色》原文，复制并粘贴（只留文本）在"荷塘月色"Word 文档中，保存文档。

图 5-11　百度首页

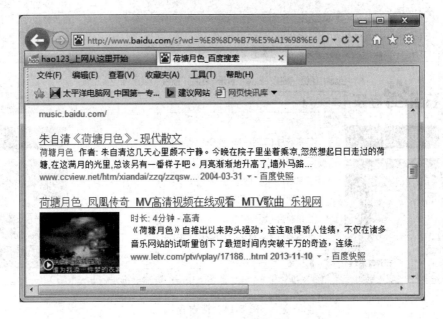

图 5-12　搜索结果

（2）下载歌曲。打开 http://www.baidu.com，选择分类"音乐"，在文本框中输入"二泉映月"，如图 5-14 所示，单击"百度一下"按钮。搜索结果如图 5-15 所示。单击"下载"按钮保存到指定文件夹中。

（3）图片另存为。在百度搜索文本框中输入"鸟"，选中"图片"，单击"百度一下"按钮，搜索条目如图 5-16 所示。

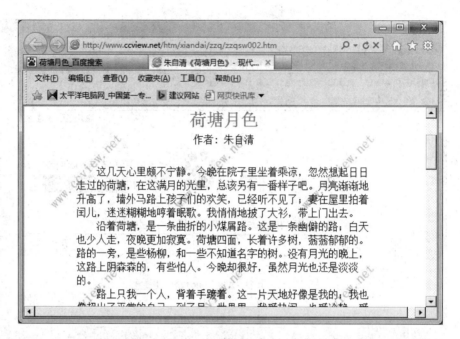

图 5-13　《荷塘月色》原文

图 5-14　搜索音乐

选择一张图片,右击,选择快捷菜单"图片另存为",弹出"保存图片"对话框,选择保存位置,输入图片文件名"鸟",单击"保存"按钮。

任务4　浏览器收发邮件

(1) 打开 QQ 邮箱,向自己 QQ 邮箱发送一封邮件。

邮件的主题:"计算机文化基础"

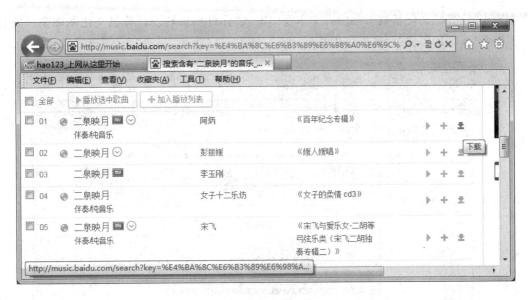

图 5-15 搜索列表

图 5-16 搜索条目

邮件内容：你好！现转发计算机文化基础学习资料，望查收！

邮件附件：计算机文化基础.docx。

（2）打开 QQ 邮箱，查看收件箱，并下载附件。

操作步骤：

（1）发送邮件。登录 QQ 邮箱。在收件人文本框中输入 QQ 邮箱地址；在主题文本框中输入"计算机文化基础";在内容文本框中输入"你好！现转发计算机文化基础学习资料，望查收！";添加附件"计算机应用基础.doc"，如图 5-17 所示，单击"发送"按钮。

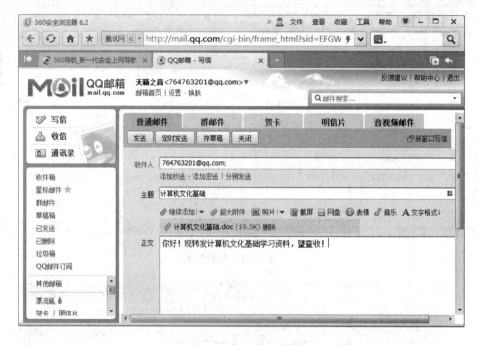

图 5-17　163 手机邮箱首页

（2）打开 QQ 邮箱，单击"收件箱"，打开收到的 163 手机邮件，如图 5-18 所示。

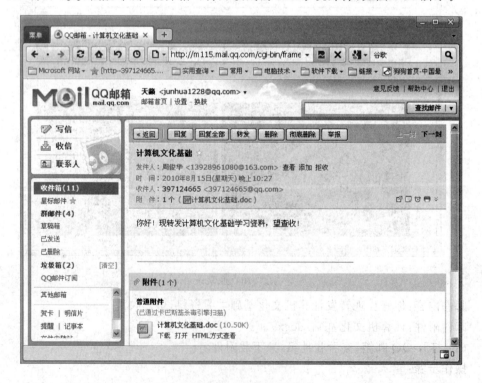

图 5-18　QQ 邮箱页面

在附件中,单击"下载"按钮,弹出"文件下载"对话框,如图 5-19 所示。

在"文件下载"对话框中,单击"保存"按钮,弹出"另存为"对话框,选择保存位置"Net"文件夹,命名为"基础",单击"保存"按钮。

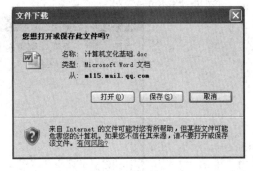

图 5-19 "文件下载"对话框

任务 5 Outlook Express 应用

(1) 创建用户。用户名为"小周",邮箱地址为"13912345678@163.com",163 站点的 POP3 接收邮件服务器为 pop.163.com,SMTP 发送邮件服务器为 smtp.163.com。

(2) 管理 OE 联系人。添加同学小张的 xiaozhang@163.com 邮箱到"联系人"中。

(3) 发送邮件。给周老师发一封邮件,抄送给李老师,下面是邮件内容:

邮件地址:Zhou@163.com

抄送地址:Li@163.com

主题:讨论会

内容:周二下午开讨论会!

附件:讨论.doc

操作步骤:

(1) 创建用户。执行"开始"→"所有程序"→"Outlook Express"命令,启动 Outlook Express,如图 5-20 所示。

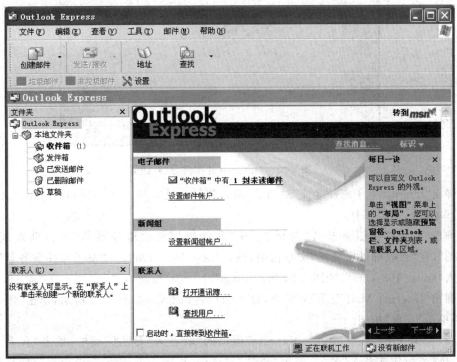

图 5-20 Outlook Express 界面

执行"工具"→"账户"命令,弹出"Internet 账户"对话框,选择"邮件"选项卡,如图 5-21 所示。

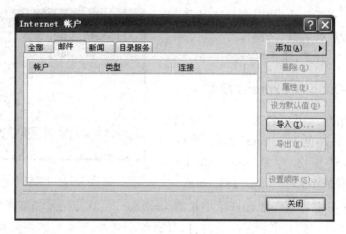

图 5-21　"Internet 账户"对话框

单击右边的"添加"按钮,选择"邮件"选项,弹出"您的姓名"对话框,在"显示名"文本框中输入自己的名字或者昵称"小周",如图 5-22 所示,单击"下一步"按钮。

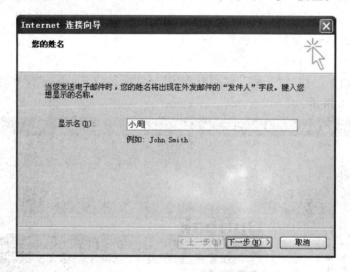

图 5-22　"Internet 连接向导"对话框

弹出"Internet 电子邮件地址"对话框,输入邮件地址"13912345678@163.com",如图 5-23所示,单击"下一步"按钮。

弹出"电子邮件服务器名"对话框,在"我的邮件接收服务器是"下拉列表框中选择"POP3",在"接收邮件服务器"文本框中,输入"pop.163.com",在"发送邮件服务器"文本框中输入"smtp.163.com",如图 5-24 所示,单击"下一步"按钮。

弹出"Internet Mail 登录"对话框,输入账户名和密码,如图 5-25 所示,单击"下一步"按钮,再单击"完成"按钮。

(2) 管理 OE。在"Outlook Express"窗口的"联系人"显示区域中,单击"联系人"下拉菜单,执行"新建联系人"命令,弹出"属性"对话框,如图 5-26 所示。填写相应信息后,单击"确定"按钮,完成添加联系人的操作。

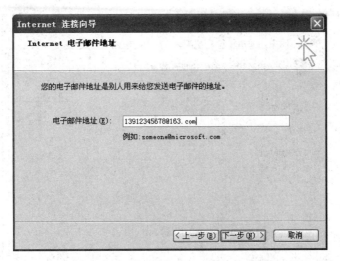

图 5-23　"Internet 电子邮件地址"对话框

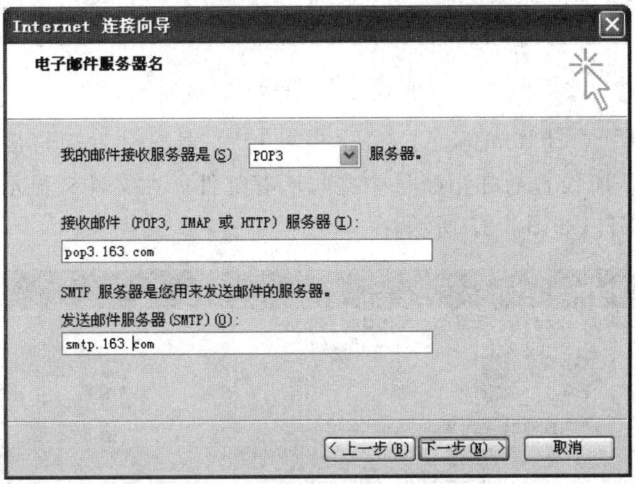

图 5-24　"电子邮件服务器名"对话框

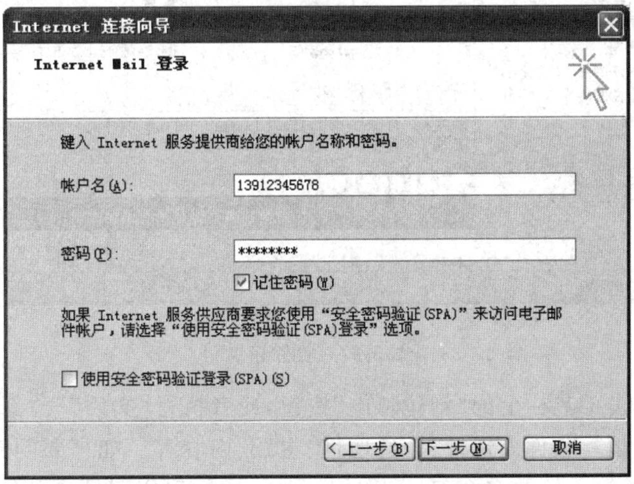

图 5-25　"Internet Mail 登录"对话框

图 5-26 "属性"对话框

(3) 收发邮件。启动"Outlook Express",执行"工具"→"发送与接收"→"接收全部邮件"命令,即可以从所设置的邮箱账号中接收所有邮件。在文件夹显示区域中,单击"收件箱",可查看接收邮件,如图 5-27 所示。

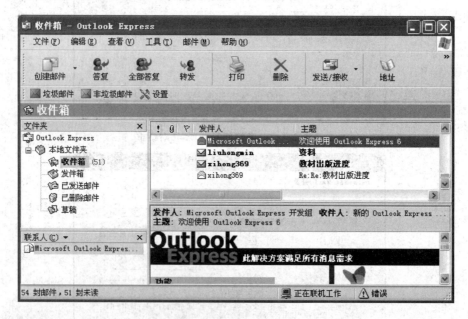

图 5-27 收件箱窗口

新建邮件:单击工具栏上的"创建邮件"按钮,或者执行"文件"→"新建"→"邮件"命令,弹出新邮件窗口,填写收件人地址、抄送地址、主题、内容等。如果要同时发送给多个人,可以在收件人或者抄送中输入多个 E-mail 地址,地址之间采用逗号或者分号进行分隔。

添加附件:执行"插入"→"文件附件"命令,或单击工具栏中的"附件"按钮,选择所需要添加的文件,完成附件的添加。

　　发送:单击工具栏中的"发送"按钮,发送邮件,如图 5-28 所示。

图 5-28　写邮件

模块 6　一级考试指南

通过本项目操作,掌握等级考试要求和等级考试所需要掌握的内容,认真复习并反复实训,通过考试。

项目 1　MS Office 考试大纲

任务 1　基本要求

(1) 具有微型计算机的基础知识(包括计算机病毒的防治常识)。

(2) 了解微型计算机系统的组成和各部分的功能。

(3) 了解操作系统的基本功能和作用,掌握 Windows 的基本操作和应用。

(4) 了解文字处理的基本知识,熟练掌握文字处理 MS Word 的基本操作和应用,熟练掌握一种汉字(键盘)输入方法。

(5) 了解电子表格软件的基本知识,掌握电子表格软件 Excel 的基本操作和应用。

(6) 了解多媒体演示软件的基本知识,掌握演示文稿制作软件 PowerPoint 的基本操作和应用。

(7) 了解计算机网络的基本概念和因特网(Internet)的初步知识,掌握 IE 软件和 Outlook Express 软件的基本操作和使用。

任务 2　考试内容

1. 计算机基础知识

(1) 计算机的发展、类型及其应用领域。

(2) 计算机中数据的表示、存储与处理。

(3) 多媒体技术的概念与应用。

(4) 计算机病毒的概念、特征、分类与防治。

(5) 计算机网络的概念、组成和分类;计算机与网络信息安全的概念和防控。

(6) 因特网网络服务的概念、原理和应用。

2. 操作系统的功能和使用

(1) 计算机软件系统、硬件系统的组成及主要技术指标。

(2) 操作系统的基本概念、功能、组成及分类。

(3) Windows 操作系统的基本概念和常用术语,如文件、文件夹、库等。

(4) Windows 操作系统的基本操作和应用。

① 桌面外观的设置,基本的网络配置。

② 熟练掌握资源管理器的操作与应用。

③ 掌握文件、磁盘、显示属性的查看、设置等操作。

④ 中文输入法的安装、删除和选用。

⑤ 掌握检索文件、查询程序的方法。

⑥ 了解软件、硬件的基本系统工具。

3．文字处理软件的功能和使用

（1）Word 的基本概念，Word 的基本功能和运行环境，Word 的启动和退出。

（2）文档的创建、打开、输入、保存等基本操作。

（3）文本的选定、插入与删除、复制与移动、查找与替换等基本编辑技术；多窗口和多文档的编辑。

（4）字体格式设置、段落格式设置、文档页面设置、文档背景设置和文档分栏等基本排版技术。

（5）表格的创建、修改；表格的修饰；表格中数据的输入与编辑；数据的排序和计算。

（6）图形和图片的插入；图形的建立和编辑；文本框、艺术字的使用和编辑。

（7）文档的保护和打印。

4．电子表格软件的功能和使用

（1）电子表格的基本概念和基本功能，Excel 的基本功能、运行环境、启动和退出。

（2）工作簿和工作表的基本概念和基本操作，工作簿和工作表的建立、保存和退出；数据输入和编辑；工作表和单元格的选定、插入、删除、复制、移动；工作表的重命名和工作表窗口的拆分和冻结。

（3）工作表的格式化，包括设置单元格格式，设置列宽和行高，设置条件格式，使用样式，自动套用模式和使用模板等。

（4）单元格绝对地址和相对地址的概念，工作表中公式的输入和复制，常用函数的使用。

（5）图表的建立、编辑、修改以及修饰。

（6）数据清单的概念，数据清单的建立，数据清单内容的排序、筛选、分类汇总，数据合并，数据透视表的建立。

（7）工作表的页面设置、打印预览和打印，工作表中链接的建立。

（8）保护和隐藏工作簿和工作表。

5．PowerPoint 的功能和使用

（1）中文 PowerPoint 的功能、运行环境、启动和退出。

（2）演示文稿的创建、打开、关闭和保存。

（3）演示文稿视图的使用，幻灯片基本操作（版式、插入、移动、复制和删除）。

（4）幻灯片基本制作（文本、图片、艺术字、形状、表格等插入及其格式化）。

（5）演示文稿主题选用与幻灯片背景设置。

（6）演示文稿放映设计（动画设计、放映方式、切换效果）。

（7）演示文稿的打包和打印。

6．因特网（Internet）的初步知识和应用

（1）了解计算机网络的基本概念和因特网的基础知识，主要包括网络硬件和软件，

TCP/IP 协议的工作原理,以及网络应用中常见的概念,如域名、IP 地址、DNS 服务等。

(2) 熟练掌握浏览器、电子邮件的使用和操作。

7. 考试方式

(1) 采用无纸化考试,上机操作。考试时间为 90 分钟。

(2) 软件环境:Windows 7 操作系统,Microsoft Office 2010 办公软件。

(3) 在指定时间内,完成下列各项操作:

① 选择题(计算机基础知识和网络的基本知识)。(20 分)

② Windows 操作系统的使用。(10 分)

③ Word 操作。(25 分)

④ Excel 操作。(20 分)

⑤ PowerPoint 操作。(15 分)

⑥ 浏览器(IE)的简单使用和电子邮件收发。(10 分)

项目 2　MS Office 上机考试试题

任务 1　选择题

1. 计算机从其诞生至今已经经历了 4 个时代,这种对计算机分代的原则是(　　)。
   A. 计算机的存储量　　　　　　　　B. 计算机的运算速度
   C. 程序设计语言　　　　　　　　　D. 计算机所采用的电子元件

2. 电子计算机的发展按其所采取的逻辑器件可分(　　)阶段。
   A. 2 个　　　　　B. 3 个　　　　　C. 4 个　　　　　D. 5 个

3. 第 2 代电子计算机使用的电子元件是(　　)。
   A. 晶体管　　　　　　　　　　　　B. 电子管
   C. 中、小规模集成电路　　　　　　D. 大规模和超大规模集成电路

4. 第 3 代电子计算机使用的电子元件是(　　)。
   A. 晶体管　　　　　　　　　　　　B. 电子管
   C. 中、小规模集成电路　　　　　　D. 大规模和超大规模集成电路

5. 目前制造计算机所用的电子元件是(　　)。
   A. 电子管　　　　　　　　　　　　B. 晶体管
   C. 集成电路　　　　　　　　　　　D. 超大规模集成电路

6. 将计算机应用于办公自动化属于计算机应用领域中的(　　)。
   A. 科学计算　　B. 信息处理　　C. 过程控制　　D. 计算机辅助

7. 利用计算机预测天气情况属于计算机应用领域中的(　　)。
   A. 科学计算　　B. 数据处理　　C. 过程控制　　D. 计算机辅助

8. 计算机在实现工业生产自动化方面的应用属于(　　)。
   A. 实时控制　　B. 人工智能　　C. 信息处理　　D. 数值计算

9. 在计算机中,用(　　)位二进制码组成一个字节。
   A. 8　　　　　　B. 16　　　　　　C. 32　　　　　D. 根据机器不同而异

10. 微机中 1KB 表示的二进制位数是(　　)。

    A. 1000　　　　B. 8×1000　　　　C. 1024　　　　D. 8×1024

11. 计算机中的字节是常用的单位,它的英文字母名字是(　　)。

    A. bit　　　　B. Byte　　　　C. cn　　　　D. M

12. 计算机内部采用二进制表示数据信息,二进制的主要优点是(　　)。

    A. 容易实现　　B. 方便记忆　　C. 书写简单　　D. 符合使用的习惯

13. 计算机内部采用的进制数是(　　)。

    A. 十进制　　　B. 二进制　　　C. 八进制　　　D. 十六进制

14. 下列不属于微机主要性能指标的是(　　)。

    A. 字长　　　　B. 内存容量　　C. 软件数量　　D. 主频

15. 计算机最主要的工作特点是(　　)。

    A. 有记忆能力　　　　　　　　B. 高精度与高速度

    C. 可靠性与可用性　　　　　　D. 存储程序与自动控制

16. MIPS 是表示计算机(　　)的单位。

    A. 字长　　　　B. 主频　　　　C. 运算速度　　D. 存储容量

17. 下列有关计算机性能的描述中,不正确的是(　　)。

    A. 一般而言,主频越高,速度越快

    B. 内存容量越大,处理能力就越强

    C. 计算机的性能好不好,主要看主频是不是高

    D. 内存的存取周期也是计算机性能的一个指标

18. 以下是冯·诺依曼体系结构计算机的基本思想之一的是(　　)。

    A. 计算精度高　　B. 存储程序控制　　C. 处理速度快　　D. 系统总线

19. 计算机系统主要由(　　)。

    A. 主机和显示器组成　　　　　B. 微处理器和软件组成

    C. 硬件系统和软件系统组成　　D. 硬件系统和应用软件组成

20. 一般计算机硬件系统的主要组成部件有五大部分,下列选项中不属于这五部分的
    是(　　)。

    A. 运算器　　　　　　　　　　B. 软件

    C. 输入设备和输出设备　　　　D. 控制器

21. 微型计算机硬件系统最核心的部件是(　　)。

    A. 主板　　　　B. CPU　　　　C. 内存储器　　D. I/O 设备

22. CPU 中有一个程序计算器(又称指令计算器),它用于存放(　　)。

    A. 正在执行指令的内容　　　　B. 下一条执行指令的内容

    C. 正在执行指令的内存地址　　D. 下一条执行指令的内容地址

23. 中央处理器(CPU)主要由(　　)组成。

    A. 控制器和内存　　　　　　　B. 运算器和控制器

    C. 控制器和寄存器　　　　　　D. 运算器和内存

24. 微型计算机中运算器的主要功能是进行(　　)。

    A. 算术运算　　　　　　　　　B. 逻辑运算

C. 初等函数运算 　　　　　　　　D. 算术运算和逻辑运算

25. 在微型计算机中,控制器的基本功能是( )。

A. 进行算术运算和逻辑运算

B. 存储各种控制信息

C. 保持各种控制状态

D. 控制机器各个部件协调一致地工作

26. 下列 4 条叙述中,正确的一条是( )。

A. 为了协调 CPU 与 RAM 之间的速度差间距,在 CPU 芯片中又集成了高速缓冲
存储器

B. PC 在使用过程中突然断电,SRAM 中存储的信息不会丢失

C. PC 在使用过程中突然断电,DRAM 中存储的信息不会丢失

D. 外存储器中的信息可以直接被 CPU 处理

27. 下列 4 种存储器中,存取速度最快的是( )。

A. U 盘　　　　B. 软盘　　　　　C. 硬盘　　　　　D. 内存储器

28. 一般情况下,外存储器中存储的信息,在断电后( )。

A. 局部丢失　　B. 大部分丢失　　C. 全部丢失　　　D. 不会丢失

29. 微型计算机内存储器是( )。

A. 按二进制数编址 　　　　　　　B. 按字节编址

C. 按字长编址 　　　　　　　　　D. 根据微处理器不同而编址不同

30. 下列关于存储器的叙述中正确的是( )。

A. CPU 能直接访问存储在内存中的数据,也能直接访问存储在外存中的数据

B. CPU 不能直接访问存储在内存中的数据,能直接访问存储在外存中的数据

C. CPU 只能直接访问存储在内存中的数据,不能直接访问存储在外存中的数据

D. CPU 不能直接访问存储在内存中的数据,也不能直接访问存储在外存中的
数据

31. 以下属于点阵打印机的是( )。

A. 针式打印机　B. 静电打印机　　C. 喷墨打印机　　D. 激光打印机

32. 显示器显示图像的清晰程序,主要取决于显示器的( )。

A. 类型　　　　B. 高度　　　　　C. 尺寸　　　　　D. 分辨率

33. 硬盘的一个主要性能指标是容量,硬盘容量的计算公式为( )。

A. 磁道数 * 面数 * 扇区数 * 盘片数 * 512 字节

B. 磁道数 * 面数 * 扇区数 * 盘片数 * 128 字节

C. 磁道数 * 面数 * 扇区数 * 盘片数 * 80 * 512 字节

D. 磁道数 * 面数 * 扇区数 * 盘片数 * 15 * 128 字节

34. 下列( )不是外设。

A. 打印机　　　B. 中央处理器　　C. 读片机　　　　D. 绘图机

35. 下列 4 条叙述中,正确的一条是( )。

A. 显示器既是输入设备又是输出设备

B. 使用杀毒软件可以清除一切病毒

C. 温度是影响计算机正常工作的因素

D. 喷墨打印机属于非击打式打印机

36. 操作系统是计算机系统中的(　　)。

A. 核心系统软件　　　　　　　　B. 关键的硬件部件

C. 广泛使用的应用软件　　　　　D. 外部设备

37. 操作系统的功能是(　　)。

A. 将源程序编译成目标程序

B. 负责诊断计算机的故障

C. 控制和管理计算机系统的各种硬件与软件资源的使用

D. 负责外设与主机之间的信息交换

38. 下面不属于系统软件的是(　　)。

A. DOS　　　　　　　　　　　　B. Windows WIN 7

C. UNIX　　　　　　　　　　　　D. Word 2003

39. 一条指令必须包括(　　)。

A. 操作码和地址码　　　　　　　B. 信息和数据

C. 时间和信息　　　　　　　　　D. 以上都不是

40. 下列叙述中,正确的说法是(　　)。

A. 编译程序、解释程序和汇编程序不是系统软件

B. 故障诊断程序、排错程序、人事管理系统属于应用软件

C. 操作系统、财务管理程序、系统服务程序都不是应用软件

D. 操作系统和各种程序设计语言的处理程序都是系统软件

41. 把高级语言编写的源程序变成目标程序,需要经过(　　)。

A. 汇编　　　　　B. 解释　　　　　C. 编译　　　　　D. 编辑

42. 下列关于计算机的叙述中,不正确的一条是(　　)。

A. 高级语言编写的程序成为目标程序

B. 指令的执行是由计算机硬件实现的

C. 国际常用的 ASCII 码是 7 位 ASCII 码

D. 超级计算机又称为巨型机

43. 在计算机内部能够直接执行的程序语言是(　　)。

A. 数据库语言　　　　　　　　　B. 高级语言

C. 机器语言　　　　　　　　　　D. 汇编语言

44. 微型计算机中使用的关系数据库,就应用领域而言是属于(　　)。

A. 科学计算　　　　　　　　　　B. 实时控制

C. 信息处理　　　　　　　　　　D. 计算机辅助设计

45. 目前各部门广泛使用的人事档案管理、财务管理等软件,按计算机应用分类,应属于(　　)。

A. 实时控制　　　　　　　　　　B. 科学计算

C. 计算机辅助工程　　　　　　　D. 信息处理

46. 通用软件不包括( )。

    A. 文字处理软件   B. 电子表格软件

    C. 专家系统   D. 数据库系统

47. 专门为学习目的而设计的软件是( )。

    A. 工具软件   B. 应用软件   C. 系统软件   D. 目标程序

48. 微型计算机中使用的数据库属于( )。

    A. 科学计算方面的计算机应用   B. 过程控制方面的计算机应用

    C. 数据处理方面的计算机应用   D. 辅助设计方面的计算机应用

49. 十进制数 221 用二进制数表示是( )。

    A. 1100001   B. 11011101   C. 0011001   D. 1001011

50. 若在一个非"0"无符号二进制整数右边加两个"0"形成一个新的数,则新数的值是原数值的( )。

    A. 四倍   B. 二倍   C. 四分之一   D. 二分之一

51. 下列 4 个无符号十进制整数中,能用 8 个二进制位表示的是( )。

    A. 257   B. 201   C. 313   D. 296

52. 8 位字长的计算机可以表示的无字符号整数的最大值是( )。

    A. 8   B. 16   C. 128   D. 255

53. 二进制数 110001 转换成十六进制数是( )。

    A. 78   B. D8   C. 71   D. 31

54. 将十进制数 280 转换成十六进制数是( )。

    A. 81   B. E8   C. 118   D. 121

55. 在下列不同进制中的 4 个数,最小的一个是( )。

    A. 11110101   B. $(36)_8$

    C. $(85)_{10}$ D. $(B7)_{16}$

56. 二进制数 1111101011011 转换成十六进制数是( )。

    A. 1F5B   B. D7SD   C. 2FH3   D. 2AFH

57. 十六进数 CDH 对应的十进制数是( )。

    A. 204   B. 205   C. 206   D. 203

58. 下列 4 种不同数制表示的数中,数值最小的一个是( )。

    A. 八进制数 247   B. 十进制数 169

    C. 十六进制数 A6   D. 二进制数 10101000

59. 6 位无符号的二进制数能表示的最大十进制数是( )。

    A. 64   B. 63   C. 32   D. 31

60. 十进制数 215 用二进制数表示是( )。

    A. 1100001   B. 1101001   C. 0011001   D. 11010111

61. 十六进制数 34B 对应的十进制数是( )。

    A. 1234   B. 843   C. 768   D. 333

62. 二进制数 0111110 转换成十六进制数是( )。

    A. 3F   B. DD   C. 4A   D. 3E

63. 二进制数 10100101011 转换成十六进制数是(　　)。
　　A. 52B　　　　B. D45D　　　　C. 23C　　　　D. 5E

64. 二进制数 11010 对应的十进制数是(　　)。
　　A. 16　　　　B. 26　　　　C. 34　　　　D. 25

65. 将十进制数 26 转换成十六进制数是(　　)。
　　A. 01011B　　　B. 11010B　　　C. 11100B　　　D. 10011B

66. 二进制数 100100111 转换成十六进制数是(　　)。
　　A. 234　　　　B. 124　　　　C. 456　　　　D. 127

67. 二进制数 100000111111 转换成十六进制数是(　　)。
　　A. 45F　　　　B. E345　　　　C. F56　　　　D. 83F

68. 在微型计算机中,应用最普遍的字符编码是(　　)。
　　A. ASCII 码　　　B. BCD 码　　　C. 汉字编码　　　D. 补码

69. 标准 ASCII 编码的描述准确的是(　　)。
　　A. 使用 7 位二进制代码
　　B. 使用 8 位二进制代码,最左一位为 1
　　C. 使用补码
　　D. 使用 8 位二进制代码,最左一位为 0

70. 7 位 ASCII 码共有(　　)个不同的编码值。
　　A. 126　　　　B. 124　　　　C. 127　　　　D. 128

71. 标准 ASCII 码字符集共有编码(　　)个。
　　A. 128　　　　B. 256　　　　C. 34　　　　D. 94

72. 字母"Q"的 ASCII 码值是十进制数(　　)。
　　A. 75　　　　B. 81　　　　C. 97　　　　D. 134

73. 下列字符中,其 ASCII 码最大的是(　　)。
　　A. STX　　　　B. 6　　　　C. T　　　　D. w

74. ASCII 码共有(　　)个字符。
　　A. 126　　　　B. 127　　　　C. 128　　　　D. 129

75. 下列字符中,其 ASCII 码值最大的是(　　)。
　　A. NUL　　　　B. B　　　　C. g　　　　D. p

76. 在 ASCII 码表中,按照 ASCII 码值从小到大排列顺序是(　　)。
　　A. 数字、英文大写字母、英文小写字母
　　B. 数字、英文小写字母、英文大写字母
　　C. 英文大写字母、英文小写字母、数字
　　D. 英文小写字母、英文大写字母、数字

77. 字母"F"的 ASCII 码值是十进制数(　　)。
　　A. 70　　　　B. 80　　　　C. 90　　　　D. 100

78. 计算机内部用于汉字信息的存储、运算的信息代码称为(　　)。
　　A. 汉字输入码　　　　　　　B. 汉字输出码
　　C. 汉字字形码　　　　　　　D. 汉字内码

79. "国际"中的"国"字的十六进制编码为 397A,其对应的汉字机内码为(　　)。

　　A. B9FA　　　B. BB37　　　　　C. B8A2　　　　　D. H8BA

80. 某汉字的区位码是 5448,它的国际码是(　　)。

　　A. 5650H　　　B. 6364H　　　　　C. 3456H　　　　　D. 7454H

81. 一个汉字的机内码是 B0A1H,那么它的国标码是(　　)。

　　A. 3121H　　　B. 3021H　　　　　C. 2131H　　　　　D. 2130H

82. 汉字"东"的十六进制的国际码是 362BH,那么它的机内码是(　　)。

　　A. 160BH　　　B. B6ABH　　　　　C. 05ABH　　　　　D. 150BH

83. 五笔字型输入法属于(　　)。

　　A. 音码输入法　　　　　　　　　B. 形码输入法

　　C. 音形结合输入法　　　　　　　D. 联想输入法

84. 从系统的功能来看,计算机网络主要由(　　)。

　　A. 模拟信号和数字信号组成　　　B. 数据子网和通信子网组成

　　C. 资源子网和通信子网组成　　　D. 资源子网和数据子网组成

85. 计算机网络的目标是实现(　　)。

　　A. 数据处理　　　　　　　　　　B. 文献检索

　　C. 资源共享和信息传输　　　　　D. 信息传输

86. 统一资源定位器(URL)的格式是(　　)。

　　A. HTTP 协议

　　B. TCP/IP 协议

　　C. 协议://IP 地址或域名/路径/文件名

　　D. 协议:IP 地址或域名/路径/文件名

87. IE 浏览器收藏夹的作用是(　　)。

　　A. 收集感兴趣的页面地址　　　　B. 记忆感兴趣的页面内容

　　C. 收集感兴趣的文件内容　　　　D. 收集感兴趣的文件名

88. 因特网上的服务都是基于某一种协议,Web 服务是基于(　　)。

　　A. SMTP 协议　　　　　　　　　B. SNMP 协议

　　C. HTTP 协议　　　　　　　　　D. TELNET 协议

89. 对于众多个人用户来说,接入因特网最经济、最简单、采用最多的方式是(　　)。

　　A. 局域网连接　　　　　　　　　B. 专线连接

　　C. 电话拨号　　　　　　　　　　D. 无线连接

90. 中国的域名是(　　)。

　　A. com　　　B. uk　　　　　C. cn　　　　　D. jp

91. 根据域名代码规定,域名为 toame.com.cn 表示网站类别应是(　　)。

　　A. 教育机构　　　B. 国际组织　　　C. 商业组织　　　　D. 政府机构

92. 无线网络相对于有线网络来说,它的优点是(　　)。

　　A. 传输速度更快,误码率更低　　　B. 设备费用低廉

　　C. 网络安全性好,可靠性高　　　　D. 组网安装简单,维护方便

93. 电子邮件地址的格式是( )。

    A. <用户标识>@<主机域名>   B. <用户密码>@<用户名>

    C. <用户标识>/<主机域名>   D. <用户密码>/<用户名>

94. 某主机的电子邮件地址为 cat@public. mba. net. cn,其中 cat 代表( )。

    A. 用户名   B. 网络地址   C. 域名   D. 主机名

95. 关于电子邮件,下列说法中错误的是( )。

    A. 发件人必须有自己的 E-mail 账户

    B. 必须知道收件人的 E-mail 地址

    C. 收件人必须有自己的邮政编码

    D. 可使用 Outlook Express 管理联系人信息

96. 相对而言,下列类型的文件中,不易感染病毒的是( )。

    A. *.txt   B. *.dot   C. *.com   D. *.exe

97. 以下( )不是预防计算机病毒的措施。

    A. 建立备份   B. 专机专用   C. 不上网   D. 定期检查

98. 下列 4 项中,不属于计算机病毒的特征的是( )。

    A. 潜伏性   B. 传染性   C. 激发性   D. 免疫性

99. 目前使用的杀毒软件,能够( )。

    A. 检查计算机是否感染了某些病毒,如有感染,可以清除其中一些病毒

    B. 检查计算机是否感染了任何病毒,如有感染,可以清除其中一些病毒

    C. 检查计算机是否感染了病毒,如有感染,可以清除所有的病毒

    D. 防止任何病毒再对计算机进行侵害

100. 世界上第一台计算机的名称是( )。

    A. ENIAC   B. APPLE   C. UNIVAC-I   D. IBM-7000

101. 在 ENIAC 的研制过程中,由美籍匈牙利数学家总结并提出了非常重要的改进意见,他是( )。

    A. 冯·诺依曼   B. 阿兰·图灵

    C. 古德·摩尔   D. 以上都不是

102. 计算机之所以能够实现连续运算,是由于采用了( )工作原理。

    A. 布尔逻辑   B. 存储程序   C. 数字电路   D. 集成电路

103. 现代微机采用的主要元件是( )。

    A. 电子管   B. 晶体管

    C. 中小规模集成电路   D. 大规模、超大规模集成电路

104. 计算机按照处理数据的形态可以分为( )。

    A. 巨型机、大型机、小型机、微型机和工作站

    B. 286 机、386 机、486 机、Pentium 机

    C. 专用计算机、通用计算机

    D. 数字计算机、模拟计算机、混合计算机

105. CAM 表示( )。

    A. 计算机辅助设计   B. 计算机辅助制造

    C. 计算机辅助教学   D. 计算机辅助模拟

106. CAI 表示( )。

    A. 计算机辅助设计   B. 计算机辅助制造

    C. 计算机辅助教学   D. 计算机辅助军事

107. 将计算机应用于办公自动化属于计算机应用领域中的( )。

    A. 科学计算   B. 信息处理   C. 过程控制   D. 计算机辅助

108. 计算机领域中通常用 MIPS 来描述( )。

    A. 计算机的运行速度   B. 计算机的可靠性

    C. 计算机的运行性   D. 计算机的可扩充性

109. 下列不属于微型计算机的技术指标的是( )。

    A. 字节   B. 时钟主频   C. 运算速度   D. 存取周期

110. 计算机系统由( )组成。

    A. 主机和显示器   B. 微处理器和软件

    C. 硬件系统和应用软件   D. 硬件系统和软件系统

111. 磁盘格式化时,被划分为一定数量的同心圆磁道,软盘上最外圈的磁道是( )。

    A. 0 磁道   B. 39 磁道   C. 1 磁道   D. 80 磁道

112. 一台计算机可能会有多种多样的指令,这些指令的集合就是( )。

    A. 指令系统   B. 指令集合   C. 指令群   D. 指令包

113. 下列关于字节的叙述中,正确的一条是( )。

    A. 字节通常用英文单词“bit”来表示,有时也可以写作“b”

    B. 目前广泛使用的 Pentium 机其字长为 5 个字节

    C. 计算机中将 8 个相邻的二进制位作为一个单位,这种单位称为字节

    D. 计算机的字长并不一定是字节的整数倍

114. 运算器的主要功能是( )。

    A. 实现算术运算和逻辑运算

    B. 保存各种指令信息供系统其他部件使用

    C. 分析指令并进行译码

    D. 按主频指标规定发出时钟脉冲

115. CPU 中有一个程序计数器(又称指令计数器),它用于存放( )。

    A. 正在执行的指令的内容

    B. 下一条要执行的指令的内容

    C. 正在执行的指令的内存地址

    D. 下一条要执行的指令的内存地址

116. 计算机中对数据进行加工与处理的部件,通常称为( )。

    A. 运算器   B. 控制器   C. 显示器   D. 存储器

117. CPU 主要由运算器和( )组成。

    A. 控制器   B. 存储器   C. 寄存器   D. 编辑器

118. 高速缓冲存储器是为了解决(　　)。
    A. 内存与辅助存储器之间速度不匹配问题
    B. CPU 与辅助存储之间速度不匹配问题
    C. CPU 内存储器之间速度不匹配问题
    D. 主机与外设之间速度不匹配问题

119. 计算机的存储系统通常包括(　　)。
    A. 内存储器和外存储器　　　　B. 软盘和硬盘
    C. ROM 和 RAM　　　　　　　D. 内存和硬盘

120. 计算机工作时,内存储器用来存储(　　)。
    A. 数据和信号　　　　　　　　B. 程序和指令
    C. ASCII 码和汉字　　　　　　D. 程序和数据

121. SRAM 存储器是(　　)。
    A. 静态随机存储器　　　　　　B. 静态只读存储器
    C. 动态随机存储器　　　　　　D. 动态只读存储器

122. 静态 RAM 的特点是(　　)。
    A. 在不断电的条件下,信息在静态 RAM 中保持不变,故而不必定期刷新就能永久保存信息
    B. 在不断电的条件下,信息在静态 RAM 中不能永久无条件保持,必须定期刷新才不致丢失信息
    C. 在静态 RAM 中的信息只能读不能写
    D. 在静态 RAM 中的信息断电后也会丢失

123. 在微型计算机系统中运行某一程序时,若存储容量不够,可以通过(　　)方法来解决。
    A. 扩展内存　　　　　　　　　B. 增加硬盘容量
    C. 采用光盘　　　　　　　　　D. 采用高密度软盘

124. 下面列出的 4 种存储器中,易失性存储器是(　　)。
    A. RAM　　　B. ROM　　　C. FROM　　　D. CD-ROM

125. 内存(主存储器)比外存(辅助存储器)(　　)。
    A. 读写速度快　　　　　　　　B. 存储容量大
    C. 可靠性高　　　　　　　　　D. 价格便宜

126. 断电会使存储数据丢失的存储器是(　　)。
    A. RAM　　　B. 硬盘　　　C. ROM　　　D. 软盘

127. 微机中访问速度最快的存储器是(　　)。
    A. CD-ROM　　B. 硬盘　　　C. U 盘　　　D. 内存

128. 硬盘工作时应特别注意避免(　　)。
    A. 噪声　　　B. 震动　　　C. 潮湿　　　D. 日光

129. 在下列设备中,既可做输入设备又可做输出设备的是(　　)。
    A. 图形扫描仪　　　　　　　　B. 磁盘驱动器
    C. 绘图仪　　　　　　　　　　D. 显示器

130. 在下列 4 种设备中,属于计算机输入设备的是( )。

    A. UPS   B. 服务器   C. 绘图仪   D. 光笔

131. 以下( )是点阵打印机。

    A. 激光打印机 B. 喷墨打印机   C. 静电打印机   D. 针式打印机

132. 在针式打印机术语中,24 针是指( )。

    A. 24×24 点阵   B. 对号线插头有 24 针

    C. 打印头内有 24×24 根针   D. 打印头内有 24 根针

133. 能把汇编语言程序翻译成目标程序称为( )。

    A. 编译程序   B. 解释程序   C. 编辑程序   D. 汇编程序

134. 以下关于高级语言的描述中,正确的是( )。

    A. 高级语言诞生于 20 世纪 60 年代中期

    B. 高级语言的"高级"是指所设计的程序非常高级

    C. C++语言采用的是"编译"的方法

    D. 高级语言可以直接被计算机执行

135. 早期的 BASIC 语言采用( )将源程序转换成机器语言。

    A. 汇编   B. 解释   C. 编译   D. 编辑

136. 计算机软件系统包括( )。

    A. 系统软件和应用软件   B. 编辑软件和应用软件

    C. 数据库软件和工具软件   D. 程序和数据

137. WPS 2000、Word 2000 等字处理软件属于( )。

    A. 管理软件   B. 网络软件   C. 应用软件   D. 系统软件

138. 下列叙述中,正确的选项是( )。

    A. 用高级语言编写的程序称为源程序

    B. 计算机直接识别并执行的是汇编语言编写的程序

    C. 机器语言编写的程序需编译和链接后才能执行

    D. 机器语言编写的程序具有良好的可移植性

139. 以下关于机器语言的描述中,不正确的是( )。

    A. 每种型号的计算机都有自己的指令系统,就是机器语言

    B. 机器语言是唯一能被计算机识别的语言

    C. 机器语言的可读性强、容易记忆

    D. 机器语言和其他语言相比,执行效率高

140. 将汇编语言转换成机器语言程序的过程称为( )。

    A. 压缩过程   B. 解释过程   C. 汇编过程   D. 连接过程

141. 用户用计算机高级语言编写的程序,通常称为( )。

    A. 汇编程序   B. 目标程序   C. 源程序   D. 二进制代码程序

142. 将高级语言编写的程序翻译成机器语言程序,所采用的两种翻译方式是( )。

    A. 编译和解释 B. 编译和汇编   C. 编译和连接   D. 解释和汇编

143. 下列 4 种软件中不属于应用软件的是( )。

    A. Excel 2000   B. WPS 2003   C. 财务管理系统   D. Pascal 编译程序

144. 下列有关软件的描述中,说法不正确的是(　　)。

A. 软件就是为了方便使用计算机和提高使用效率而组织的程序以及有关文档

B. 所谓"裸机",其实就是没有安装软件的计算机

C. FoxPro、Oracle 属于数据库管理系统,从某种意义上讲也是编程语言

D. 通常软件安装得越多,计算机的性能就越先进

145. 最著名的国产文字处理软件是(　　)。

A. MS Word　　B. 金山 WPS　　　　C. 写字板　　　　　　D. 方正排版

146. 《计算机软件保护条例》中所称的计算机软件是指(　　)。

A. 计算机程序　　　　　　　　　B. 源程序和目标程序

C. 源程序　　　　　　　　　　　D. 计算机程序及其有关文档

147. 下列 4 种软件中属于应用程序的是(　　)。

A. BASIC 解释程序　　　　　　　B. UC DOS 系统

C. 财务管理系统　　　　　　　　D. Pascal 编译系统

148. 下列关于系统软件的叙述中,正确的一条是(　　)。

A. 系统软件的核心是操作系统

B. 系统软件是与具体硬件逻辑功能无关的软件

C. 系统软件是使用应用软件开发的软件

D. 系统软件并不具体提供人机界面

149. "针对不同专业用户的需要所编制的大量的应用程序,进而把它们逐步实现标准化、模块化所形成的解决各种典型问题的应用程序组合"描述的是(　　)。

A. 软件包　　　B. 软件集　　　　C. 系统软件　　　D. 以上都不是

150. 下列关于操作系统的主要功能的描述中,不正确的是(　　)。

A. 处理器管理　　B. 作业管理　　　C. 文件管理　　　　D. 信息管理

151. 以下不属于系统软件的是(　　)。

A. DOS　　　　　B. Windows 3.2　　C. Windows 2000　　D. Excel

152. MS-DOS 是一种(　　)。

A. 单用户单任务系统　　　　　　B. 单用户多任务系统

C. 多用户单任务系统　　　　　　D. 以上都不是

153. 微型机的 DOS 系统属于(　　)。

A. 单用户操作系统　　　　　　　B. 分时操作系统

C. 批处理操作系统　　　　　　　D. 实时操作系统

154. 十进制数 269 转换为十六进制数是(　　)。

A. 10E　　　　　B. 10D　　　　　　C. 10C　　　　　　D. 10B

155. 二进制数 1010.101 对应的十进制数是(　　)。

A. 11.33　　　　B. 10.625　　　　C. 12.755　　　　　D. 16.75

156. 十六进制数 1A2H 对应的十进制数是(　　)。

A. 418　　　　　B. 308　　　　　　C. 208　　　　　　D. 578

157. 十进制数 75 用二进制数表示是(　　)。

A. 1100001　　　B. 1101001　　　　C. 0011001　　　　D. 1001011

158. 与十进制数 291 等值的十六进制数为（　　）。

    A. 123　　　　B. 213　　　　　　C. 231　　　　　　　D. 132

159. 与十进制数 254 等值的二进制数是（　　）。

    A. 11111110　　　　　　　　B. 11101111

    C. 11111011　　　　　　　　D. 11101110

160. 下列 4 种不同数制表示的数中，数值最小的一个是（　　）。

    A. 八进制数 36　　　　　　　B. 十进制数 32

    C. 十六进制数 22　　　　　　D. 二进制数 10101100

161. 十六进制数 1AB 对应的十进制数是（　　）。

    A. 112　　　　B. 427　　　　　C. 564　　　　　　D. 273

162. 与十进制数 1023 等值的十六进制数是（　　）。

    A. 3FDH　　　B. 3FFH　　　　C. 2FDH　　　　D. 3EFH

163. 十进制整数 100 转换为二进制数是（　　）。

    A. 1100100　　B. 1101000　　　C. 1100010　　　D. 1110100

164. 16 个二进制位可表示整数的范围是（　　）。

    A. 0～65535　　　　　　　　B. －32768～32767

    C. －32768～32768　　　　　D. －32768～32767 或 0～65535

165. 十进制 215 用二进制数表示是（　　）。

    A. 1100001　　B. 11011101　　　C. 0011001　　　D. 11010111

166. 有一个数是 123，它与十六进制数 53 相等，那么该数值是（　　）。

    A. 八进制数　　B. 十进制数　　C. 五进制　　　　D. 二进制数

167. 下列 4 种不同数制表示的数中，数值最大的一个是（　　）。

    A. 八进制数 227　　　　　　　B. 十进制数 789

    C. 十六进制数 1FF　　　　　　D. 二进制数 1010001

168. 下列字符中，其 ASCII 码值最小的是（　　）。

    A. $　　　　　B. J　　　　　　C. b　　　　　　　D. T

169. 对于 ASCII 码在机器中的表示，下列说法正确的是（　　）。

    A. 使用 8 位二进制代码，最右边一位是 0

    B. 使用 8 位二进制代码，最右边一位是 1

    C. 使用 8 位二进制代码，最左边是 0

    D. 使用 8 位二进制代码，最左边一位是 1

170. 在 32×32 点阵中的字型码需要（　　）存储空间。

    A. 32B　　　　B. 64B　　　　　C. 72B　　　　　D. 128B

171. 下列字符中，其 ASCII 码值最大的是（　　）。

    A. STX　　　　B. 8　　　　　　C. E　　　　　　　D. a

172. 下列字符中，其 ASCII 码值最大的是（　　）。

    A. 9　　　　　　B. D　　　　　　C. a　　　　　　　D. y

173. 在下列各种编码中，每个字节最高位均是"1"的是（　　）。

    A. 汉字国标码　B. 汉字机内码　　C. 外码　　　　　D. ASCII 码

174. 在计算机内部对文字进行存储、处理和传输的汉字代码是(　　)。

A. 汉字信息交换码　　　　　　　　B. 汉字输入码

C. 汉字内码　　　　　　　　　　　D. 汉字字形

175. 中国国家标准汉字信息交换编码是(　　)。

A. GB 2312—80 B. GBK　　　　C. UCS　　　　　　D. BIG-5

176. 某汉字的区位码是5448,它的机内码是(　　)。

A. D6D0H　　　B. E5E0H　　　　C. E5D0H　　　　D. D5E0H

177. 存储400个24×24点阵汉字字形所需的存储容量是(　　)。

A. 255KB　　　B. 75KB　　　　C. 37.5KB　　　D. 28.125KB

178. 某汉字的机内码是B0A1H,它的国际码是(　　)。

A. 3121H　　　B. 3021H　　　　C. 2131H　　　D. 2130H

179. 某汉字的国际标码是5650H,它的机内码是(　　)。

A. D6DOH　　　B. E5EOH　　　　C. E5DOH　　　D. D5EOH

180. 某汉字的区位码是2534,它的国标码是(　　)。

A. 4563H　　　B. 3942H　　　　C. 3345H　　　D. 6566H

181. 某汉字的国际标码是1112H,它的机内码是(　　)。

A. 3132H　　　B. 5152H　　　　C. 8182H　　　D. 9192H

182. 在计算机的局域网中,为网络提供共享资源,对这些资源进行管理的计算机,一般称为(　　)。

A. 网站　　　B. 工作站　　　　C. 网络适配器　　　D. 网络服务器

183. 调制解调器的功能是(　　)。

A. 将数字信号转换成模拟信号

B. 将模拟信号转换成数字信号

C. 将数字信号转换成其他信号

D. 在数字信号与模拟信号之间进行转换

184. 域名中的com是指(　　)。

A. 商业组织　　　B. 国际组织　　　C. 教育机构　　　D. 网络支持机构

185. IP地址用(　　)个字节表示。

A. 3　　　　B. 4　　　　C. 5　　　　D. 6

186. Internet网上一台主机的域名由(　　)部分组成。

A. 3　　　　B. 4　　　　C. 5　　　　D. 若干

187. 所有与Internet相连接的计算机必须遵守一个共同协议,即(　　)。

A. HTTP　　　B. IEEE 802.11　　　C. TCP/IP　　　D. IPX

188. 下面电子邮件地址的书写格式正确的是(　　)。

A. kaoshi@sina.com.cn　　　　　B. Kaoshi,@sina.com.cn

C. kaoshi@,sina.com.cn　　　　　D. Kaoshisina.com.cn

189. 计算机病毒可以使整个计算机瘫痪,危害极大。计算机病毒是(　　)。

A. 一种芯片　　　　　　　　　　B. 一段特制的程序

C. 一种生物病毒　　　　　　　　D. 一条命令

190. 计算机病毒破坏的主要对象是(　　　)。

    A. 优盘　　　　　B. 磁盘驱动器　　　　C. CPU　　　　　　　　D. 程序和数据

191. 为了防止计算机病毒的传染,应该做到(　　　)。

    A. 不要复制来历不明的软盘上的程序

    B. 对长期不用的软盘要经常格式化

    C. 对软盘上的文件要经常重新复制

    D. 不要把无病毒的软盘与来历不明的软盘放在一起

192. 以下关于病毒的描述中,正确的是(　　　)。

    A. 只要不上网,就不会感染病毒

    B. 只要安装最好的杀毒软件,就不会感染病毒

    C. 严禁在计算机上玩游戏也是预防病毒的一种手段

    D. 所有的病毒都会导致计算机越来越慢,甚至可能使系统崩溃

193. 以下关于病毒的描述中,不正确的说法是(　　　)。

    A. 对于病毒,最好的方法是采取"预防为主"的方针

    B. 杀毒软件可以抵御或清除所有病毒

    C. 恶意传播计算机病毒可能是犯罪

    D. 计算机病毒都是人为制造的

194. 计算机病毒按照感染的方式可以进行分类,(　　　)不是其中的一类。

    A. 引导区型病毒　　　　　　　　　　B. 文件型病毒

    C. 混合型病毒　　　　　　　　　　　D. 附件型病毒

任务 2　Windows 7 基本操作

Windows 7 基本操作题,不限制操作的方式。

试卷 1

1. 在文件夹下的 BORO 文件夹中建立一个新文件夹 JPS.SCX。

2. 将文件夹下 XEE 文件夹中的文件复制到同一文件夹中,更改文件名为 ABC。

3. 将文件夹下 DFET\BWD 文件夹中的文件 MDEEY.STY 的属性修改为只读属性。

4. 将文件夹下 DFENSE 文件夹中的文件 APOFE.CRP 删除。

5. 将文件夹下 SEAF 文件夹中的文件 BEER.ESW 移动到文件夹下 DEFT\YJE 文件夹中。

试卷 2

将考生文件夹下 BAD 文件夹下 JORK\BOOK 文件夹中的文件 TEXT.TXT 删除。

在考生文件夹下 WATER\LAKE 文件夹中新建一个文件夹 INTEL。

将考生文件夹下 COLD 文件夹中的文件 RAIN.FOR 设置为隐藏和存档属性。

将考生文件夹下文件夹 AUGEST 中的文件 WARM.BMP 移动到考生文件夹下文件夹 SEP 下,并更名为 UNIX.POS。

将考生文件夹下 OCT\SEPT 文件夹中的文件 LEEN.TXT 更名为 PERN.DOC。

试卷 3

将考生文件夹下 RETN 文件夹中的文件 SENDY.GIF 移动到考生文件夹下 SUN 文件

夹中。

将考生文件夹下 WESD 文件夹中的文件夹 LAST 设置为存档和隐藏属性。

将考生文件夹下 WOOD 文件夹中的文件 BLUE.ASM 复制到考生文件夹下 OIL 文件夹中,并重命名为 GREEN.C。

将考生文件夹下 LEG 文件夹中的文件 FIRE.PNG 更名为 DRI.ASD。

将考生文件夹下 BOAT 文件夹中的文件 LAY.BAT 删除。

试卷 4

1. 将考生文件夹下 EUN 文件夹中的文件 PET.SOP 复制到同一个文件夹中,更名为 BEAUTY.BAS。

2. 在考生文件夹下 CARD 文件夹中建立一个新文件夹 WOLDMAN.BUS。

3. 将考生文件夹下 HEART\BEEN 文件夹中的文件 MONKEY.STP 的属性修改为只读属性。

4. 将考生文件夹下 MEANSE 文件夹中的文件 POPER.CRP 删除。

5. 在考生文件夹下 STATE 文件夹中建立一个新的文件夹 CHINA。

试卷 5

1. 将考生文件夹下 HANRY\GIRL 文件夹中的文件 DAILY.DOC 设置为只读和存档属性。

2. 将考生文件夹下 SMITH 文件夹中的文件 SON.BOK 移动到考生文件夹下 JOHN 文件夹中,并将该文件更名为 MATH.DOC。

3. 将考生文件夹下 CASH 文件夹中的文件 MONEY.WRI 删除。

4. 在考生文件夹下 BABY 文件夹中建立一个新文件夹 PRICE。

5. 将考生文件夹下 PHONE 文件夹中的文件 COMM.ADR 复制到考生文件夹下 FAX 文件夹中。

试卷 6

1. 将考生文件夹下 FIN 文件夹中的文件 KIKK.HTML 复制到考生文件夹下文件夹 DOIN 中。

2. 将考生文件夹下 IBM 文件夹中的文件 CARE.TXT 删除。

3. 将考生文件夹下 WATER 文件夹删除。

4. 为考生文件夹下 FAR 文件夹中的文件 START.EXE 创建快捷方式。

5. 将考生文件夹下 STUDT 文件夹中的文件 ANG.TXT 的隐藏和只读属性撤销,并设置为存档属性。

试卷 7

将考生文件夹下 EUN 文件夹中的文件 PET.SOP 复制到同一文件夹中,更名为 BEAUTY.BAS。

在考生文件夹下 CARD 文件夹中建立一个新文件夹 WOLDMAN.BUS。

将考生文件夹下 HEART\BEEN 文件夹中的文件 MONKEY.STP 的属性修改为只读属性。

将考生文件夹下 MEANSE 文件夹中的文件 POPER.CRP 删除。

在考生文件夹下 STATE 文件夹中建立一个新的文件夹 CHINA。

试卷 8

1. 将考生文件夹下 EM 文件夹中的文件夹 WORK 删除。

2. 在考生文件夹下 YOU 文件夹中建立一个名为 SET 的新文件夹。

3. 将考生文件夹下 RUM 文件夹中的文件 PASE.BMP 设置为只读和隐藏属性。

4. 将考生文件夹下 JIMI 文件夹中的文件 FENSE.PAS 移动到考生文件夹下 MUDE 文件夹中。

5. 将考生文件夹下 SOUP\HYR 文件夹中的文件 BASE.FOR 复制一份,并将新复制的文件更名为 BASE.PAS。

试卷 9

1. 将考生文件夹下 BE 文件夹中的文件 HSEE.BMP 设置为存档和只读属性。

2. 将考生文件夹下 DOWN\SET 文件夹中的文件夹 LOOK 删除。

3. 将考生文件夹下 POWER\FIELD 文件夹中的文件 COPY.WPS 复制到考生文件夹下 APPLE\PIE 文件夹中。

4. 在考生文件夹下 DRIVE 文件夹中建立一个新文件夹 MODDLE。

5. 将考生文件夹下 TEEN 文件夹中的 WEXAM.TXT 移动到考生文件夹下 SWAN 文件夹中,更名为 BUILDER.BAS。

试卷 10

1. 将考生文件夹下 HARE\DOWN 文件夹中的文件 EFLFU.FMP 设置为存档和只读属性。

2. 将考生文件夹下 WID\DEIL 文件夹中的文件 ROCK.PAS 删除。

3. 在考生文件夹下 HOTACHI 文件夹中建立一个新文件 DOWN。

4. 将考生文件夹下 SHOP\DOCTER 文件夹中的文件 IRISH 复制到考生文件夹下的 SWISS 文件夹中,并将文件夹更名为 SOUETH。

5. 将考生文件夹下 MYTAXI 文件夹中的文件夹 HIPHI 移动到考生文件夹下 COUNT 文件夹中。

任务 3　字处理题

试卷 1

在指定文件夹中,存有文档 WT.DOC,其内容如下:

【文档开始】

你永远要宽恕众生,不论他有多坏,甚至他伤害过你,你一定要放下,才能得到真正的快乐。

生活哲理

【文档结束】

按要求完成下列操作:

1. 新建文档 WD.DOC,插入文件 WT.DOC 的内容。第一段字体设置为四号楷体,左对齐;第二段设置为五号黑体、加粗、右对齐,存储为文件 WD.DOC。

2. 新建文档 WD12.DOC,插入文件 WD11.DOC 的内容,将第一段文字在第一段之后复制 4 次。将前 4 段合并为一段,再将合并的一段分为等宽两栏,栏宽为 6 厘米。存储为文件 WD12.DOC。

3. 制作4行4列表格,列宽2.5厘米,行高30磅,将第一列第2行、第3行、第4行单元格拆分成1行2列的单元格,并存储为文件 WD13.DOC。

4. 新建文档 WD14.DOC,插入文件 WD13.DOC 的内容,表格边框为1.5磅,表内线0.5磅,第1行设置黄色底纹,存储为文件 WD14.DOC。

试卷2

新建文档 WD5.DOC,插入一个6行6列的表格,设置列宽为2.5厘米,行高为20磅,表格外边框线为0.5磅双实线。在此基础上,将表格改造成如下形式,存储文档为WD.DOC。

试卷3

在考生文件夹中,存有文档 WT.DOC,其内容如下:

【文档开始】

新能源技术有太阳能技术、生物能技术、潮汐能技术、地热能技术、风能技术、氢能技术和受热核聚变技术等多种。

新能源技术有太阳能技术、生物能技术、潮汐能技术、地热能技术、风能技术、氢能技术和受热核聚变技术等多种。

【文档结束】

按要求完成下列操作:

1. 新建文档 WD.DOC,插入文件 WT.DOC 的内容。第一段设置为小四号仿宋_GB2312字体,左对齐;第二段设置为四号黑体、加粗、右对齐,存储为文件 WD.DOC。

2. 新建文档 WDA.DOC,插入文件 WD.DOC 的内容,将第一段文字在第一段之后复制3次,将前两段合并为一段,在将合并的一段分为等宽三栏,栏宽为4.5厘米。存储为文件 WDA.DOC。

3. 制作一个3行4列的表格,列宽3厘米,行高26磅。再做如下修改,均分第一列第2行、第3行单元格,并存储为文件 WDB.DOC。

4. 新建文档 WDC.DOC,插入文件 WDB.DOC 的内容,表格边框为 1.5 磅,表内线 0.5 磅,第一行设置红色底纹,存储为文件 WDC.DOC。

试卷 4

在考生文件夹中,存有文档 WT.DOC,其内容如下:

【文档开始】

微机家庭普及化的日子已到来!

微机在发达国家中已大量进入家庭。如美国 100 户家庭中已有微机 30~40 台,但离完全普及还有距离。其他国家,特别是发展中国家当然还会有相当时日。

微机的发展也有两种趋向,一种意见认为微机应充分发挥技术优势增强其功能使其用途更为广泛。另一种意见认为为家庭中使用的微机不能太复杂,应简化其功能,降低价格,使其以较快的速度广泛进入家庭。看来两种意见各有道理,可能会同时发展。

近年有些公司提出网络计算机的设想,即把微机本身大大简化,大量的功能通过网络来提供,这样可降低本身造价,这与前述趋向有所不同,至今也还有争议。

【文档结束】

按要求完成下列操作:

1. 新建文档 WD.DOC,插入文档 WT.DOC,将文中所有"微机"替换为"微型计算机",存储为文档 WD.DOC。

2. 新建文档 WDA.DOC,复制文档 WDA.DOC,将标题段文字("微机家庭普及化的日子已到来!")设置为宋体、小三号、居中,添加蓝色阴影边框(边框的线型和线宽使用默认设置),正文文字("微机在发达国家,……至今也还有争议")设置为四号、楷体_GB2312,存储为文档 WDA.DOC。

3. 新建文档 WDB.DOC,复制文档 WDA.DOC,正文各段落左右各缩进 1.8 厘米,首行缩进 0.8 厘米,段后间距 12 磅,存储为文档 WDB.DOC。

4. 新建文档 WDC.DOC,插入文档 WT.DOC,将标题段和正文各段连接成一段,将此新的一段分等宽两栏排版,要求栏宽为 7 厘米,存储为文档 WDC.DOC。

5. 在考生文件夹中,存有文档 WTA.DOC,其内容如下:

【文档开始】

学号	班级	姓名	数学	语文	英语	总分
1031	一班	秦越	70	82	80	232
2021	二班	万龙	85	93	77	255
3074	三班	张龙	78	77	62	217
1058	四班	王峰	67	60	65	192

【文档结束】

按要求完成下列操作:新建文档 WDD.DOC,插入文档 WTA.DOC,在表格最后一列之后插入一列,输入列标题"总分",计算出各位同学的总分。将表格设置为列宽 2 厘米,行高 20 磅,表格内的文字和数据均水平居中和垂直居中,存储为文档 WDD.DOC。

试卷 5

1. 按下列格式输入下列文字,并将字体设置成宋体,字号设置成五号字,以 WD.DOC

为文件名保存。

高清晰度电视和显示器——是一种民用的清晰度更高的电视,图像质量可与电影媲美,音质接近激光唱片。

2. 将上面文件(WD.DOC)的内容复制 4 次到一个新文件中,并按照居中格式排版,以WDA.DOC 为文件名保存。

3. 将下列格式设置一个行高 20 磅、列宽 2.5 厘米的表格,并在表格内输入相应的数字(要求使用半角字符),将所有字体设置成宋体,字号设置成五号字,并要求表格中的合计填入相应的单元格中,以 WDB.DOC 为文件名保存。

周一	周二	周三	周四	周五	合计
61.5	81.6	71.5	72.8	90.1	377.5
77.2	62.5	82.6	82.5	79.5	384.3

试卷 6

在考生文件夹中,存有文档 WT1.DOC,其内容如下:

【文档开始】

面向对象方法基于构造问题领域的对象模型,以对象为中心构造软件系统。它的基本方法是用对象模拟问题领域中的实体,以对象间的联系刻画实体间的联系。因为面向对象的软件系统的结构是根据问题领域的模型建立起来的,而不是基于对系统完成的功能的分解。所以,当对系统的功能需求变化是并不会引起软件结构的整体变化,往往仅需要一些局部性的修改。例如,从已有类派生出一些新的子类以实现功能扩充或修改,增加删除某些对象等。总之,由于现实世界中的实体是相对稳定的,因此,以对象为中心构造的软件系统也是比较稳定的。

【文档结束】

按要求完成下列操作:

1. 新建文档 WD.DOC,插入文件 WT.DOC 的内容,设置为小四号仿宋_GB2312 字体,分散对齐,所有"对象"设置为黑体、加粗,存储为文件 WD.DOC。

2. 新建文档 WDA.DOC,插入文件 WD.DOC 的内容,将正文部分复制两次,将前两段合并为一段,并将此段分为三栏,栏宽为 3.45 厘米,栏间加分隔线,存储为文件 WDA.DOC。

3. 制作一个 3 行 4 列的表格,列宽 2 厘米,行高 1 厘米。填入数据,水平方向上文字为居中对齐,数字为右对齐,并存储为文件 WDB.DOC。

	一	二	三
甲	160	215	765
乙	120	432	521

4. 在考生文件夹下新建文件 WDC.DOC,插入文件 WDB.DOC 的内容,在底部追加一行,并将第 4 行设置为黄色底纹,统计 1、2、3 列的合计填加到第 4 行,存储为文件WDC.DOC。

试卷7

在考生文件夹中,存有文档WT.DOC,其内容如下:

【文档开始】

微机家庭普及化的日子已到来!

微机在发达国家中已大量进入家庭。如美国100户家庭中便有微机30~40台,但离完全普及还有一定距离。其他国家,特别是发展中国家当然还会有相当时日。

微机的发展也有两种趋向,一种意见认为危机应充分发挥技术优势,增强其功能使其用途更为广泛。另一种意见认为,为家庭中使用的微机设计功能不能太复杂,应简化其功能,降低价格,使其以较快的速度广泛进入家庭。看来两种意见各有道理,当然也有可能同时发展。

近年有些公司提出网络计算机的设想,即把微机本身大大简化,大量的功能通过网络来提供,这样可降低本身造价,这与前述趋向有所不同,至今也还有争议。

【文档结束】

按要求完成下列操作:

1. 新建文档WD.DOC,插入文档WT.DOC,将文中所有"微机"替代为"计算机",存储为WD.DOC。

2. 新建文档WDA.DOC,复制文档WD.DOC,将标题段文字("微机家庭普及化的日子已到来!")设置为宋体、小三号、居中,添加蓝色阴影边框(边框的线性和线宽使用默认设置),正文文字("微机在发达国家,……至今也还有争议")设置为四号、楷体_GB2312,存储为文档WDA.DOC。

3. 新建文档WDB.DOC,复制文档WDA.DOC,正文各段落左右各缩进1.8厘米,首行缩进0.8厘米,段后间距12磅,存储为文档WDB.DOC。

4. 新建文档WDC.DOC,插入文档WT2.DOC,将标题段和正文各段连接成一段,将此新的一段分等宽两栏排版,要求栏宽为7厘米,存储为文档WDC.DOC。

在考生文件夹中,存有文档WTA.DOC,其内容如下:

【文档开始】

学号	班级	姓名	数学	语文	英语	总分
1031	一班	秦越	70	82	80	232
2021	二班	万龙	85	93	77	255
3074	三班	张龙	78	77	62	217
1058	四班	王峰	67	60	65	192

【文档结束】

按要求完成下列操作:新建文档WDD.DOC,插入文档WTA.DOC,在表格最后一列之后插入一列,输入列标题"总分",计算出各位同学的总分。将表格设置为列宽2厘米,行高20磅,表格内的文字和数据均水平居中和垂直居中,存储为文档WDD.DOC。

试卷8

请在"考试项目"菜单上选择"字处理软件使用"菜单项,完成以下内容:

输入下列文字,段落设置为左缩进2厘米、右缩进0.4厘米、首行缩进2厘米,按右对齐的格式进行排版,并以WD.DOC为文件名保存。

【文档开始】

20世纪三四十年代,计算机的研究发展进入了新的时期,即由过去采用的机电技术发展为采用电子技术,计算机科学的理论也有了突破性的进展。

【文档结束】

1. 将 WD. DOC 文档内容复制到一个新文件中,共复制 4 次并连接成一个段落,其字体设置为黑体,并以 WDA. DOC 为文件名保存。

2. 将 WDA. DOC 文档设置成两栏,栏宽是 6.32 厘米,并以 WDB. DOC 为文件名保存。

3. 制作一张 3 行 5 列的表格,各列的宽度是 2 厘米,并以 WDC. DOC 为文件名保存。

4. 复制上面 3 行 5 列的表格,并将各列宽设置为 3 厘米,行高 30 磅,最后一列合并为一个单元格,并以 WDD. DOC 为文件名。

试卷 9

请在"考试项目"菜单上选择"字处理软件使用"菜单项,完成以下内容:

在考生文件夹中,存有文档 WT. DOC,其内容如下:

【文档开始】

信息安全影响我国进入电子社会。

随着网络经济和网络社会时代的到来,我国的军事、经济、社会、文化各方面都越来越依赖于网络。与此同时,电脑网络上出现利用网络盗用他人账号上网,窃取科技、经济情报,进行经济犯罪等电子攻击现象。

今年春天,我国有人利用新闻组中查到的普通技术手段,轻而易举地从多个商业站点窃取到 8 万个信用卡号和密码,并以 6 万元出售。

【文档结束】

按要求完成下列操作:

1. 将文中所有"电脑"替换为"计算机",将标题段("信息安全影响我国进入电子社会")设置为三号黑体、红色、倾斜、居中、加阴影并添加蓝色底纹。

2. 将正文各段文字设置为五号楷体,各段落左右各缩进 0.8 厘米,1.5 倍行距,段前间距 16 磅,完成后以原文件名保存。

在考生文件夹中,存有文档 WTA. DOC 如下:

【文档开始】

五(三)班考试成绩

姓名	计算机原理	高等数学	汇编语言	计算机网络技术
刘学峰	65	94	88	78
陈平	56	67	68	75
张路	78	47	56	78
葛林	85	86	86	67

【文档结束】

按要求完成下列操作:

将表格上端的标题文字设置成楷体、加粗、居中,将表格中的文字设置成小四号宋体,水平和垂直居中,数字设置成小四号、Times New Roman 体、加粗、垂直居中、右对齐,按原文件名保存。

试卷10

请在"考试项目"菜单上选择"字处理软件使用"菜单项,完成以下内容:

设计宽度7厘米、高度140磅的方框,填入下列文字,并将全文字体设置为宋体,字号设置成五号,对"计算机"字符串的字体格式设置成加粗、倾斜和下画线,并以WD. DOC为文件保存。

顾名思义,计算机是用来帮助人们计算的机器,也可以说,这是当初人们发明它的目的。种种机器随着人类社会的发展而出现并发展起来,从广义上来说,根据机器处理的对象不同,计算机可分为模拟式计算机、数字式计算机和模拟数字混合式计算机。

任务4 电子表格题

试卷1

1. 打开工作簿文件EX. XLS(内容如下),将A1:D1单元格合并为一个单元格,内容居中,计算"总计"行的内容,将工作表命名为"专卖店销售情况表"。

	A	B	C	D	E
1	专卖店销售情况表				
2	名称	1月份	2月份	3月份	
3	北京专卖店	67.8	45.6	45.3	
4	上海专卖店	45.8	45.7	56.6	
5	深圳专卖店	45.8	45.3	45.9	
6	总计				
7					

Sheet1 / Sheet2 / Sheet3

2. 选取"专卖店销售情况表"的A2:D5单元格的内容建立"数据点折线图",X轴上的项为月份名称(系列产生在"行"),标题为"专卖店销售情况图",插入到表的A8:D20单元格区域内。

试卷2

请将下列数据建成一个数据表(存放在A1:E5的区域内),并求出个人工资的浮动额以及原来工资和浮动额的"总计"(保留小数点后面两位),其计算公式是:浮动额=原来工资×浮动率,其数据表保存在Sheet 1工作表中。

	A	B	C	D	E	F
1	序号	姓名	原来工资	浮动率	浮动额	
2	1	陈红	1200	0.50%		
3	2	张东	800	1.50%		
4	3	朱平	2500	1.20%		
5	总计					
6						

Sheet1 / Sheet2 / Sheet3

对建立的数据表,选择"姓名""原来工资",建立"柱形圆柱图"图表,图表标题为"职工工资浮动额的情况",设置分类(X)轴为"姓名",数值(Z)轴为"原来工资",嵌入在工作表 A7:F17 区域中。将工作表 Sheet 1 更名为"浮动额情况表"。

试卷 3

在"考试项目"菜单上选择"电子表格软件使用"菜单项,完成下面的操作:

1. 打开工作簿文件 EX.XLS(内容如下),将工作表 Sheet 1 的 A1:C1 单元格合并为一个单元格,内容居中,计算"年产量"列的"总计"项及"所占比例"列的内容(所占比例＝年产量/总计,不含"总计"列),"所占比例"列改为百分比格式,保留两位小数,将工作表命名为"某企业年生产量情况表"。

	A	B	C	D
1	某企业年生产量情况表			
2	产品类型	年产量	所占比例	
3	电视机	1600		
4	冰箱	2800		
5	空调	1980		
6	总计			
7				

Sheet1 / Sheet2 / Sheet3

2. 取"某企业年生产量情况表"的"产品类型"列和"所占比例"列的单元格内容(不包括"总计"行),建立"分离型圆环图"(系列生产行),数据标志显示"百分比",标题为"某企业年生产量情况图",插入到表的 A8:F18 单元格区域内。

试卷 4

在考生文件夹下创建工作簿文件 EX.XLS,按要求在 EX.XLS 中完成以下操作:

1. 在 Sheet 1 工作表中建立如下内容工作表,并用公式求出每人的总评成绩,总评＝平时×30％＋期末×70％,表中字体设为楷体 16 磅,数据水平居中,垂直居中,表标题合并居中、20 磅、蓝色字,并将工作表命名为"成绩表"。

	A	B	C	D	E	F
1	成绩表					
2	学号	姓名	平时	期末	总评	
3	188001	任静	78	87		
4	188002	陈东	77	76		
5	188003	成刚	86	90		
6	188004	段明	90	85		
7						
8						

Sheet1 / Sheet2 / Sheet3

2. 将成绩表复制为一张新工作表, 将期末成绩在 80～89 分(不含 80 分、89 分)的人筛选出来, 并将工作表命名为"筛选"保存在 EX. XLS 中。

试卷 5

1. 请将下列三个地区的粮食产量的数据建成一个数据表(存放在 A1: C4 的区域内), 其数据表保存在 Sheet 1 工作表中。

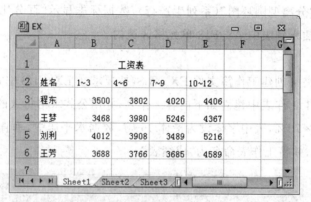

2. 对建立的数据表选择"水稻产量(吨)"和"小麦产量(吨)"数据建立"三维簇状柱形图", 图表标题为"粮食产量图", 并将其嵌入到工作表的 A6:E16 区域中。将工作表 Sheet 1 更名为"粮食产量表"。

试卷 6

1. 在 Sheet 1 工作表中建立如下内容工作表, 并用函数求出每人的全年工资, 表格数据全部为紫色, 19 磅, 居中放置, 并自动调整行高和列宽, 数值数据加美元货币符号, 表格标题为绿色, 合并居中, 工作表命名为"工资表"。

2. 将工资表复制为一个名为"排序"的新工作表, 在"排序"工作表中, 按全年工资从高到低排序, 全年工资相同时按 10～12 月工资从大到小排, 结果保存在 EX. XLS 中。

3. 将工资表复制为一张新工作表, 并为此表创建"簇状柱形图", 横坐标为"各季度", 图例为"姓名", 工作表名为"图表", 图表标题为"工资图表", 结果保存在 EX. XLS 中。

试卷 7

在考生文件夹下创建工作簿文件 EX. XLS, 按要求在 EX. XLS 中完成以下操作:

1. 在 Sheet 1 工作表中建立如下内容工作表, 并用公式求出每人的总评成绩, 总评＝平时 * 30％＋期末 * 70％, 表中字体设为楷体 16 磅, 数据水平居中、垂直居中, 标题合并居中、

20 磅、蓝色字,并将工作表命名为"成绩表"。

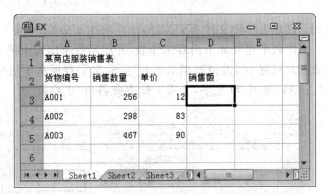

2. 将成绩表复制为一张新工作表,将期末成绩在 80~89 分的人筛选出来,并将工作表命名为"筛选"保存在 EX. XLS 中。

试卷 8

1. 打开工作簿文件 EX. XLS,将工作表 Sheet 1 的 A1:D1 单元格合并为一个单元格,内容居中,计算"销售额"列(销售额=销售数量 * 单价),将工作表命名为"某商店服装销售表"。

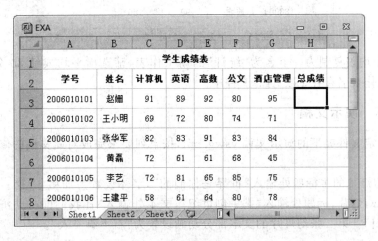

2. 打开工作簿文件 EXA. XLS,对工作表内数据清单的内容按主要关键字为"总成绩"的递减次序和次要关键字为"学号"的递增次序进行排序,排序后的工作表还保存在 EX8A. XLS 工作簿文件中。

试卷 9

1. 打开工作簿文件 EX. XLS(内容如下),将工作表 Sheet 1 的 A1:D1 单元格合并为一个单元格,内容居中,计算"学生均值"行(学生均值=贷款金额/学生人数,保留小数点后两位),将工作表命名为"助学贷款发放情况表"。

	A	B	C	D	E
1	助学贷款发放情况表				
2	贷款金额	13312	29347	23393	
3	学生人数	28	43	32	
4	学生均值				
5					

Sheet1 / Sheet2 / Sheet3

2. 选取"助学贷款发放情况表"的"学生人数"和"学生均值"两行的内容建立"簇状柱形图"X 轴上的项为学生人数(系列产生在"行"),标题为"助学贷款发放情况图",插入到表的A7:D17 单元格区域内。

试卷 10

在考生文件夹下创建工作簿文件 EX. XLS,按要求在 EX. XLS 中完成以下操作:

1. 在 Sheet 1 工作表中建立如下内容工作表,并用函数求出每人的平均成绩,结果保留1 位小数,表格行高 20,列宽 10,数值数据水平右对齐,文字数据水平居中,所有数据垂直靠下,标题跨列居中、18 磅、隶书、红色字,并将工作表命名为"平均表"。

EX.xlsx

	A	B	C	D	E
1	成绩表				
2	学号	姓名	计算机基础	英语	平均
3	188001	任静	78	87	
4	188002	陈东	77	76	
5	188003	成刚	86	90	
6	188004	段明	90	85	

Sheet1 / Sheet2 / Sheet3

2. 将平均表复制为一个名为"统计"的新工作表,筛选出平均成绩 80 分以上的人,以"统计"为工作表名存在 EX. XLS 文件中。

任务 5 演示文稿

打开指定文件夹下的演示文稿 yswg.ppt,按下列要求完成对此文稿的修饰并保存。

试卷 1

1. 在幻灯片的主标题处输入"世界是你们的",字体设置为加粗 66 磅。在演示文稿后插入第二张幻灯片,标题处输入"携手创世纪",文本处输入"让我们同舟共济,与时俱进,创造新的辉煌!"。第二张幻灯片的文本部分动画设置为"右下脚飞入"。

2. 使用"Cactus"演示文稿设计模板修饰全文,全部幻灯片的切换效果设置为"随机"。

试卷2

1. 在演示文稿第一张幻灯片上输入标题"信息的价值",设置为加粗、54 磅,标题的动画效果为"螺旋"。

2. 将第二张幻灯片版面改变为"垂直排列文本",使用演示文稿设计的"Bamboo"模板来修饰全文,全部幻灯片的切换效果设置为"盒状收缩"。

试卷3

1. 将第二张幻灯片主标题设置为加粗、红色(注意:请用自定义标签中的红色255、绿色0、蓝色0),第一张幻灯片文本内容动画设置为"螺旋",然后将第一张幻灯片移动为演示文稿的第二张幻灯片。

2. 第一张幻灯片的背景预设颜色为"茵茵绿原",斜下,全部幻灯片的切换效果设置为"阶梯状向右下展开"。

试卷4

1. 在第一张幻灯片上输入标题"城建公司建筑管理系统",版面改编为"垂直排列标题与文本"。幻灯片的文本部分动画设置为"左下角飞入"。

2. 使用"Axis"演示文稿设计模板修饰全文,全部幻灯片切换效果设置为"横向棋盘式"。

试卷5

1. 打开指定文件夹下的演示文稿 YSWG.PPT,按要求完成对此文稿的修饰并保存。

2. 将第二张幻灯片对象部分的动画效果设置为"溶解";在演示文稿的开始处插入一张"标题幻灯片",作为文稿的第一张幻灯片,主标题输入"统一大业",并设置为 60 磅、加粗、红色(请用自定义标签中的红色 250、绿色 100、蓝色 100)。

3. 整个演示文稿设置成"Clobal"模板,将全部幻灯片切换效果设置为"左右向中部收缩"。

任务6　上网题

试卷1

向办公室主任李强发送一个电子邮件,并将指定文件夹下的一个 Word 文档 fujian.doc 作为附件一起发出,同时抄送总经理王先生。

具体内容如下:

【收件人】liqiang@sohu.com

【抄送】wang@163.com

【主题】人事变动

【邮件内容】"关于公司人员变动情况草案,请审阅。具体计划见附件。"

注意:"格式"菜单中的"编码"命令中用"简体中文(GB2312)"项。邮件发送格式为"多信息文本(HTML)"。

试卷2

在"考试项目"菜单上选择相应的菜单项,完成以下内容:

接收并阅读由 ncre@mail.neea.edu 发来的 E-mail,并按 E-mail 中的指令完成操作(在指定文件夹下创建新的文件夹)。

试卷3

在"考试项目"菜单上选择相应的菜单项,完成以下内容:

向学校后勤部门发一个 E-mail,反映屋顶漏雨问题。

具体内容如下:

【收件人】ncre@houqin. bjdx. sdu

【主题】屋顶漏水

【邮件内容】"后勤负责同志:学校 13 号楼的顶棚漏雨,请及时修理。"

【注意】"格式"菜单中的"编码"命令中用"简体中文(GB-2312)"项。

试卷 4

在"考试项目"菜单上选择相应的菜单项,完成以下内容:

接收并阅读由 ncre@163. com 发来的 E-mail,并回复,内容为"您所需要的 E-mail 地址是:ncre@sina. com"。

注意:"格式"菜单中的"编码"命令中用"简体中文(GB-2312)"项。

试卷 5

在"考试项目"菜单上选择相应的菜单项,完成以下内容:

向王明发一个 E-mail,并将指定文件夹下的一个 Word 文档 wx. doc 作为附件一起发出。

具体内容如下:

【收件人】wangming@sina. com

【主题】合同文本

【邮件内容】"发去一个合同文本,具体见附件。"

【注意】"格式"菜单中的"编码"命令重用"简体中文(GB-2312)"项。邮件发送格式为"多信息文本(HTML)"。

试卷 6

启动 Internet Explorer,访问网站"http://www. sina. com",选择此 Web 页上的一张图片,将其作为壁纸。

试卷 7

接收并阅读由 ncre@163. com 发来的 E-mail,并回复,内容为"您所所要的 E-mail 地址是 ncre@sina. com"。

注意:"格式"菜单中的"字体"对话框中用"简体中文 GB-2312"项。

试卷 8

删除从 computer@163. com 发来的信件。

试卷 9

某考试网站的主页地址是"http://www. wuyou. com",打开此主页,浏览"计算机各类考试"页面,查找"等级考试"页面内容,并将它以文件格式保存到指定的目录下,命名为"ncre. txt"。

试卷 10

阅读从 ncre@163. com 发来的信件,并回复。